# 這樣想事情，你會找到自己喜歡的工作

〃好き〃を仕事にできる人の本当の考え方

曾任職軟銀，現為XYZ公司代表董事，
幫助超過十萬人發揮最大潛能
岡崎勉明◎著
李友君◎譯

大是文化

如何讓興趣能當飯吃，有興趣的工作卻不快樂怎麼辦，
不喜歡的工作怎麼做到喜歡、有成就？

# CONTENTS

## 第二章 工作變有趣的三大基本功

CONTENTS

## 第三章　不吃虧也不委屈的職場人際法則



## 第四章　做喜歡的工作的人都這樣想

## 第五章　怎麼把不喜歡的事變喜歡？

推薦序一

# 只憑熱情跟興趣，不一定能做好工作

「人資主管UP學」部落客、影響力教練／楊琮熙

我從事人力資源管理工作，常受邀講授職涯主題，總有很多人問：「怎樣才能找到一份好工作？」

面對這類問題，我總習慣多問一句：「請問什麼樣的工作，對您來說才是一份好工作？」許多人一時間答不出來，我因此猜想大多數人其實沒深思過，怎麼樣才是一份好工作。

有些人會告訴我，能找到一份自己喜歡、擅長的職務，就是一份好工作。

我覺得這是很棒的答案！

因為漫漫職涯長路，若能一直從事有熱情的工作，的確是人生一大樂事。

然而，在大型組織打滾多年，我深深感受到，對專業工作者來說，若只靠熱情跟興趣去做一份工作，其實不一定能做得好，也不見得就是一份好工作。

原因在於，能從事有興趣的工作，固然是一件很美好的事，但大多數人並不喜歡初期的職務內容，尤其是面對那些藏在底下的繁瑣碎事。

還有，人們常以為，只要擁有某些專長或技能就保住工作，卻忽略了持續進步、接受挑戰的心態，才是常保競爭力的關鍵因素。

因此，當我閱讀《這樣想事情，你會找到自己喜歡的工作》時，看到作者岡崎勉明提出「從事有興趣的事，並不一定能感到幸福」、「靠專長找工作，這種人多半傲慢」等觀點，真是句句現實透徹，又引人共鳴。那麼，想做自己喜歡的工作，又想從中獲得熱情與成就的夢想，難道是遙不可及嗎？

倒也不是，作者剖析了那些做喜歡工作的人，都會怎麼想的心態與技巧，大方分享給讀者。

比如：「從工作環境中營造開心的元素」、「想知道自己有多喜歡一件事，就多嘗試不同事物」、「別只看短期的薪資福利，提升自己的長期能力才能安穩」。

我常分享，專業人士不論資歷深淺，都不要害怕每份工作的單調呆板，應該要投入時間磨練這行該有的技能。

然後，想辦法發現這份職務的意義與趣味。

其實，更高明的人不只發現，還會自行賦予工作的價值，這聽起來像老生常談，但的確是讓人在職場表現上與眾不同的祕訣。

祝福正在閱讀此書的你，有機會跟著作者的提醒，逐步獲得這些職場祕訣，成為自己人生的設計師，更好的經營個人職涯。

推薦序二

# 想讓喜歡的工作來找你，得在專業與軟實力突顯個人特質

資深獵頭專家／江湖人稱S姐

過去的我是一位獵人頭顧問，在職場工作多年，我發現很多人考慮轉職時，會擔心這些狀況：找不到工作或是不適應新公司文化；換了產業後，必須放棄過去的專業或薪水很難談；一份工作做太久，會沒變化、沒有競爭力；工作時間太長，很難兼顧家庭與個人進修或投資理財；好不容易跨出舒適圈，卻不知道如何社交，該進修什麼，怎麼讓自

己提前財務自由；除了擔心自己的能力，也擔心各種他人眼光；若年紀漸長，失去競爭力，自己從頭開始學習，會比不上他人等。

以上的問題，不知道你中了多少個？

事實是，市場的人才需求遠遠大於供給數量，這個想法可能會顛覆很多人的想法：「很多人找不到工作」。但市場上一堆企業求才若渴，甚至祭出各種福利與加薪或員工教育訓練等來吸引人才，也提供企業內部轉介費用、獵頭費用等，許多人資部門甚至加入企業雇主品牌與多元融合文化來穩固人才，也有很多中小企業苦喊找不到人才。為什麼很多人還需要擔心自己的下一份工作在哪？

**其實工作只反映了這個職位的價值**，而**工作的真正價值**，應像書中提及的，**藉由工作獲得職場技能**、**商業能力**、**培養人脈圈**。

如果工作者單純想的是收入，那職場的收入天花板就會非常明顯，相對的，工作者如果持續自我成長，在專業與其他軟實力中突顯個人特質，應該是工作來找你，而非反向發展。現今職場不是單純進修「管理」與「領導」，而是如何好好思考、說話、生活。這樣的你其實就具備團隊合作能力、彈性力、策略力，甚至到影響力。

**對於職場與人生，坊間有好多的觀念和方法，到底哪個適合我？**其實重點是找出自己在於事業、家庭與生活之間最合適的比例，別人的模式不見得適合你，但值得參考。所以作者特別提出，關於成長，只有幾個不變法則：參與活動、課程、講座，投入合適社群或沙龍，以及經營副業。找出自己的時間適配模式，才有選擇的權利，進而擁有心境上的自由。

人生不是拿來比較的，是用來成長，學以致用，進而回饋自己、家庭與社會。我特別喜歡作者其中一項觀點：「試著將馬上就能實現的事情，當作夢想」，達成了才會有實現下一個夢想的動力。

若找到喜歡的工作是你的夢想，不是收入，那麼，嘗試透過書中的觀點給自己幾個明確目標，想像並寫下執行計畫，肯定能有目標的活在當下。

推薦序三

# 想做喜歡的事，從提升思維彈性開始

職涯諮詢師／洪燕茹

我第一眼看到本書書名時，眼睛為之一亮。因為我一直在尋找自己喜歡做的事，而現在也正做著十分喜歡的工作——職涯諮詢師、人生設計講師、服務設計師，所以讓我很好奇作者身為創業家，究竟如何「想事情」。

這是一本流暢、好讀的書，透過一篇篇短而貼近生活的文字，如初升暖陽般引人注目、思考與咀嚼。

我們活在群體中，很多時候我們以為替自己做了人生重大決定，殊不知其背後深深的被群體價值觀影響，因此痛苦而無奈的工作著、生活著。因為沒有覺察自己真正渴望是什麼，也沒有好好釐清、思考「什麼是最在乎、重要的」與「我相信什麼」。

因此，擁有獨立思考、判斷的能力，做自己的人生設計師，更顯關鍵重要。作者在書中，提出不同於主流價值的觀點，重新定義那些我們習以為常的事，如：

- **工作不是挑喜歡的做**：許多做自己喜歡工作的人，剛開始不一定喜歡，但願意忍受工作中的「必須」並創造成果，進而愛上工作。
- **你可能不清楚自己的專長**：每件事都做做看，別單方面認定自己專長是什麼，說不定有自己沒注意到的強項。
- **求安穩，別只想著靠政府或企業**：提升能力，成為優秀人才，即使環境改變，只要能力夠好，就能為自己帶來持續收入與保障。

‧**從不同角度來看缺點，就是魅力**：缺點是指「不可或缺的特點」，因為在這之中隱藏了個人獨特魅力。

‧**三分鐘熱度比不做更好**：快速行動，即使三分鐘熱度，挑戰過的人總比嘗試前就放棄的人來得有價值。

很有意思，對吧！對於常態主流生涯觀點的批判性反思，書中也旁徵博引的透過許多研究與書籍來佐證，提供讀者清晰可靠的資訊、嶄新觀點與思考空間。例如，我很喜愛第二章提到的「卡茲模型」——講不同階層管理職所需要的技能比例，就是個醍醐灌頂的一個研究理論（詳見第六十三頁「想領高薪，三種技能缺一不可」）！

這本書很適合新鮮人、剛入職場的工作者輕鬆閱讀，從探討興趣當工作的可行性，以及提醒讀者提升基礎技能（第一、二章），再到職場人際法則的叮嚀、對夢想目標的思考方式（第三、四章），最後，回過頭提醒我們如何自我管理與跨出舒適圈（第五章）。作者方方面面的帶領我們更理解後疫情時代的「想事情」方式，提升自己思維的彈性，不斷勇於自我挑戰與嘗試。

我們最終都要學會思考與下決定，願你享受本書，勇敢設計自己的人生！

# 前言
# 把興趣當職業，這句話害慘很多人

「把興趣當職業」這種論調從什麼時候植入人們的腦袋呢？

「想開心的生活」、「只跟喜歡的人交往」、「不想做的事就別做」、「與其當勤奮的螞蟻，不如當快樂的蠡斯」，大多數人往往會認同這些建議，於是把喜歡的事和開心的事放在第一順位。

不過，只關注自己喜歡的以及感到開心的事情，真的可以過著令人滿意的一生嗎？

從結論來說，現在的我正從事喜歡的工作。但是，這終究是「從結論來說」。

我曾經營五家店，其中包含餐廳；出過幾本書；演講累積人數超過十萬人；開設企業研習並提供個別諮詢服務。我喜歡這些工作，也很樂在其中。不過，剛出社會時的我，不可能只做想要做的事情。

舉例來說，我畢業那年以「不必見人」為標準來找工作，最後我在客服中心做事。老實說，職務內容一點也不有趣。不過，既然是工作，我便拚盡全力做好自己該做的事。結果我在客服中心成功建立關鍵績效指標（Key Performance Indicators，簡稱ＫＰＩ），工作因此變得有趣。

我創業第一年也是如此，不是做想要做的事。當時，我從郵購（不是我熟悉的領域）工作起步，憑著「只要成功創業就好」的意念拚命做到最後，結果，我漸漸感受到工作有了趣味，大約過了兩年，我就賺到月收入一百萬日圓。

餐飲的工作也一樣，起初，我對經營餐廳並不怎麼有興趣。然而，在經營的過程中，這份事業變得有趣，不知不覺就變成暢銷名店了。我經營的第二家店「SHINBASHI」餐酒館，在評比網站上獲得好評，成為每天大排長龍的熱門餐廳。

回首我至今為止的經驗，發現其共通點是，我並非一開始就喜歡這些工作。反倒是**面對越不喜歡的事情，我越拚命做，想著要怎樣做才能喜歡上工作，不知不覺就拿出了成果**。

許多人討厭努力，喜歡成功，想要唾手可得的成果。正因他們期盼這種中樂透般的人生，才得不到驚豔的成果。

我在本書中，會撇除一切迎合讀者的措辭，將大多數人不想面對的事實擺在眼前。

# 第一章

# 興趣能否當飯吃？取決於你的喜歡程度

## 1 很少人從一開始就喜歡自己的工作

不知從什麼時候開始，許多陳列在書店架上的書籍頻頻出現這類的訊息：「把興趣當職業」、「活著就是要做自己喜歡的事情」、「做想做的事來豐富人生」。

可是，只要把興趣當工作，真的就可以成功嗎？

我想問各位一個問題：你小時候喜歡做什麼？是打電玩、運動、還是念書？

根據統計，現在的孩子想從事的職業排名中，YouTuber 的名次在很前面（按：根據日本於二〇二一年調查小學生憧憬職業排行，YouTuber

在男生中排行第七；在女生中排第十九。在臺灣，根據金車文教基金會於二〇一九年調查顯示，青少年未來最想從事的職業，直播網紅排行第三，占一九．二％）。

不過，事實上，YouTuber 的工作內容相當繁瑣。雖然他們在影片中看起來很開心，但你知道製作影片有多辛苦嗎？

我也曾建立 YouTube 頻道，從擬定企劃、攝影、編輯到編輯後的檢查，要做的事相當繁瑣。尤其是影像編輯，更是不在話下。

編輯較長的影片時，電腦光是讀取影片就要花幾十分鐘。開始編輯影片後，電腦會變得非常遲緩。將說話內容做成字幕、加上特效，又要花很多工夫操作。

**假如以為YouTuber「只」做自己喜歡的工作，就大錯特錯了。**

連這麼繁瑣的工作都想做的人，可是很難得的。

## 一旦變成「必須」做，喜歡的事情也會變得痛苦

有些人說，「既然是孩提時的夢想，先不想那麼多也沒關係。」

的確，我也這樣認為。不過，其實長大後，想法還像孩子一樣，考慮得太少的人並非少數。不論是誰，若以夢想為目標時，都必須正面接受實現夢想的種種過程。

舉例來說，我非常喜歡電玩遊戲，在一次因緣際會下，我成為了遊戲測試員。

「打電動變成工作，超棒的！」然而，我只有在剛開始才這麼想。做了測試員後，我才發現這份工作很麻煩。而且測試的遊戲由主管分配，跟自己意願無關，不是我想玩什麼，就可以玩什麼。而且，連玩的時間也是固定的。

想玩就玩的遊戲很有趣，但沒有什麼比「非打不可的電動」更乏味的了。

- 喜歡＝want to。
- 工作＝have to。

want to，讓事情變得很有趣；have to，使事情乏味，這是天經地義的道理。

「只要做喜歡的事情，就能活得幸福」，要是把這個幻想當真，只會受到慘痛的教訓。

把獲得喜歡的東西當作努力的獎賞，這樣才會開心。

## 無論什麼工作，剛開始一定很無聊

話雖如此，不過還是有人堅持以興趣為業。

的確，有人從一開始就做喜歡的事情，就算這個興趣變成了工作也不改其樂。

不過，這種人很可能是在二十歲前，就找到喜歡的事情，還能專心致志、找到夥伴、獲得周圍讚揚、實現夢想……這些極為罕見的幸運兒就像中獎一樣，通常很難企及。

**工作幾乎不會從一開始就只做喜歡的事情。**

剛開始不喜歡，卻能在執行的過程中拿出成果，結果迷上工作——類似的案例占絕大多數。我也是如此，雖然現在能開心寫書，不過剛開始執筆時，我感到十分痛苦。

無論什麼工作，都會在無能為力時覺得乏味。然而，要是懂得怎麼做，就會開心起來。

**能以興趣為業的人，就是跨越「無能為力乏味時期」的人。**

想把興趣當工作，就要先努力懂得怎麼跨越乏味。

## 做喜歡的工作的人都這麼想

無論什麼工作，剛開始都很乏味。當你能跨越這個階段，就能享受工作。

## 2

# 其實，你「還不夠喜歡」你喜歡的事

我曾對某位經理人說：「我好想只做喜歡的事！」結果對方反脣相譏：「這就跟動物沒什麼兩樣了。」

假如你和當時的我一樣，只想做喜歡的事度過一生，不妨先深入探究喜好，了解其真實面貌是什麼。相信答案五花八門，但人類的欲望大概不外乎飲食、睡眠、遊玩跟性慾。

美國心理學家亞伯拉罕．馬斯洛（Abraham Maslow）假設「人類會追求自我實現，而不斷成長」，並提倡自我實現理論（按：根據馬斯洛的理論，人的需求共有五個層次，由低至高依序為生理需求、安全需求、愛與歸屬需求、尊嚴需求、自我實現需求）。

自我實現之前的階段，是生理需求和安全需求，除了人類，任何動物也都有這兩種需求。

而大多數人做喜歡的事的程度，通常只滿足生理需求、安全需求。開頭那位經理人想說的是：「人類要追求做喜歡的事，應達到更高境界。」像是喜歡到想幫助別人、成長或是自我實現等。

請想一想，你做喜歡的事能到達哪種程度。

## 就算不喜歡，也要先做再說

該怎麼做才能提升喜歡的程度？

首先，你要健全的自我否定。我們可以像這樣思考：

「說不定自己喜歡的東西，只是世上的一小部分。」
「還沒遇到的事情或許更有趣。」
「過去我總是以自己為中心，或許幫助別人也很有趣。」

這麼一來，自己的目光也會漸漸被過去不曾關注的事情吸引。當你開始注意其他事物後，接下來要做的，就是「一有注意就先行動」。

到現在，你的人生或許才過了二十幾年、三十幾年，但光是這點時間，本來就不可能知道世上所有有趣的事情。甚至可以說，我們對於世界的認知仍很狹隘。所以，**即使是不喜歡的事情也要先做再說。當你實際接觸之後，有時會發現，其實某件事出乎意料的吸引自己**。

說得更白一點，假如做了之後發現既不喜歡也不有趣，也是很好的經驗。畢竟不知道做起來怎樣，就無法判斷是否真的喜歡。

舉例來說，想了解自己國家優點最簡單的方法，就是去了解其他國家，只有接觸和比較後，才知道像我們國家一樣治安良好、民風溫和、具有道德感、環境清潔、重視公共利益的國家並不多。

同理，為了了解、加深喜好的程度，就要健全的自我否定，試著做未知的事。若能因此做到以往做不到的事情、有所成長，相信你也會有很好的感受。

**做喜歡的工作的人都這麼想**

想深入了解自己的喜好，就要多嘗試不同事物。

## 3 工作無聊？因為你只動身體沒動腦

在泡沫經濟時代，某款機能性飲料的廣告曾以宣傳標語「你能戰鬥二十四小時嗎？」追問上班族能否持續工作，而不覺得累。

假如在現代播映類似的廣告，一定會在社群網站上引起極大的反彈。不過，我想要說的是，要是真的做自己喜歡、感到開心的事，肯定會讓你忘了時間，一直做下去吧？

社會上有人呼籲，要平衡工作與生活。不過，我認為這聽起來像在說：「越想努力做自己的工作，越覺得沒意思」。

我並非指重視私生活是壞事，但是過度以私生活為優先，滿腦子只想休息，真的好嗎？說不定，這就表示現在的工作讓人提不起幹勁，沒辦法全心投入。

我還是公司職員時，經常在公司過夜，後來，我甚至買了兩個睡袋放在公司。

一個是讓自己睡在裡面，另一個當枕頭。冬天的辦公室很冷，所以有時也會用睡袋代替棉被。

儘管在這種環境中，我還是樂在其中。因為越努力，就越能實際感受到工作逐漸變好。換句話說，我能這麼享受，是因為盡可能的創造出成果，而有充實感受。

有些事情，要是自己沒有行動，就會被其他人取代，到那時候，後悔也來不及了。

## 動動腦，工作就會越來越有趣

不想努力工作的人，換工作就能解決問題嗎？

除非職場環境惡劣、存在許多嚴重問題，否則我不認為換工作就能解決問題。**一個人要是無法對眼前的工作全力以赴，即使從事別的工作，狀況也不會改變**。

為什麼人會覺得工作乏味？

答案很簡單，因為沒有心思，沒有先思考再工作。

有些人會說：「我的工作很無聊，只是單純的做例行公事罷了。」

既然如此，不妨想想看如何建立機制，省略這項流程。

話雖如此，但也無須小題大作的說要「引進ＡＩ」等。

以辦公室的工作來說，只要花點工夫即可改善。像是學習EXCEL或其他試算表功能軟體，就能一鍵批次處理麻煩的計算工作了。

動動腦筋，努力讓自己減輕負擔。這麼一來，在這段過程當中自然就會懂得新知識，工作因此變得愉快了。

### 做喜歡的工作的人都這麼想

邊思考邊工作，簡化程序，工作就會越來越有趣。

## 4 「靠專長找工作」，這種人多半傲慢

我認為，「靠專長工作」、「活用長處」是差勁的工作方式。而會這麼想的人，多半沒有努力到足以了解自己真正的專長是什麼。

不管做什麼事，努力的過程中都會遇到障礙，如懷疑自己的能力：「我是不是做不到」、「其實我可能不適合這份工作」等。當你越過障礙，來到下一個階段後，又會碰到另一個阻礙。解決阻礙、前往下一個階段，還有新的難關正等著你。

努力的過程中，必定會像這樣不斷的碰上困難。可是，在你跨越障礙的同時，自己的能力也逐步提升。

有一個有趣的心理效應，叫做鄧克效應（Dunning-Kruger effect）。這是由康乃爾大學的大衛．鄧寧（David Dunning）和賈斯汀．克魯格（Justin Kruger）於一九九九年提倡的認知偏誤——「能力越低的人，越容易高估自己的能力」。

假設，有一個考試平均成績為六十分。結果顯示：分數高出六十分越多的人，自我評價越低，他們認為自己還需要學習、不斷努力；而分數比六十分低越多的人，則自我評價就越高，因為這類人認為自己夠厲害，而不再努力。

我們常看到一種情況：眾人認定某人的專長是什麼，而當事者的自我評價卻很低，他們謙虛的說：「這沒什麼……。」

想想也是，人外有人，天外有天。

有些人認為自己有優於別人的專長，於是打算根據專長來找工作。

這種想法或許是錯的。因為當這類人認定自己的專長是什麼後，就算跟實際在該業界生存的人相比，發現自己的能力在平均之下，也可能會覺得自己很厲害。

事實上，真正的專家或虛心接受挑戰的人，不會只靠專長做事。他們認為，與其在意想不想做，不如思考那件事有沒有執行的價值。

假如有執行的價值就行動，跟不喜歡、不擅長沒有關係。

## 你真的了解自己的專長嗎？

除非使用鏡子，否則人無法看到自己的臉。

我最近碰到一件事：

日本演講者商務學院（Japan Speaker's Business Collegium，簡稱 J

ＳＢＣ）舉行的講座當中，有一項ＪＳＢＣ人才評估課程，這項課程可以正確診斷個人的商務能力。

該課程架構源自美軍遴選儲備幹部時舉行的測驗，日本大型企業在排選儲備幹部時，也會使用這項測驗。

我朋友上過這個課程，她在聽課前對自己的評價是「同理心強，資訊理解能力低落」。不過聽課後得出的結果正好相反，是「同理心弱，資訊理解能力強」。雖然朋友看到結果感到很意外，但周圍的人都同意這個結果。

## 每件事都試試看，別單方面認定自己的專長是什麼

重視自己的長處，努力發展強項是好事。

但我認為最好不要單方面斷定自己的專長是什麼，也要試著加強自己沒有注意到的強項。

說到底，**只靠專長來做事，往往不足以拿出成果**。

尤其是年輕時，最好不要過於在意自己擅長或不擅長什麼。總之，任何事情都要先做做看。

為了讓自己的目標有實踐的價值，首先要忽略自己的喜好及避免以專長為標準，並學習新的技能。

### 做喜歡的工作的人都這麼想

不要過於在意自己擅長或不擅長什麼，總之，任何事都先做做看。

# 5 有些事情比薪水和福利更重要

「我認為穩定很重要，最好能在大型企業任職，工作到退休。」二〇二〇年四月，新冠肺炎肆虐，學生找我做線上求職諮詢時說了這番話，讓我大受衝擊。

在現代，二、三十歲跳槽可說是家常便飯，即便進入大企業，生活也不一定能過得安穩。但是，現在仍有人帶著這種食古不化的觀念，真令人吃驚。

不過，既然當事人這樣想，我也不能直接否定他。所以，我先問對方為什麼這樣想，他說：「我父母是公務員，一直教育我要追求穩定，而且我也想打造安定的未來。既然公務員考試落榜了，我希望至少能進入大公司，生活比較有保障。」

和父母過一樣的生活是美德——這樣的想法該結束了。

說到底，時代不同了，即使選擇和父母同樣的工作方式，也不一定能獲得同樣的結果。終身雇用制也好，待在大公司就可以安心的認知也好，都成了過去式。在現今社會，大企業也會面臨倒閉問題，國家也可能會裁減公務員。

## 賈伯斯給畢業生的勉勵：串連點點滴滴

那麼，怎麼做才可以取得安穩？

時代不斷改變，面臨到的狀況也時時變化。這種時候，不能只向企業或國家尋求安穩。

最可靠的做法，是磨練自己、提升能力，培養自己成為優秀的商務人士。即使自身狀況和大環境改變，或現在工作的公司破產倒閉，只要能力夠好，就能無往不利。

找工作時，該重視的不是福利和薪水，而是職業技能——從事這份工作後，能學會什麼能力——這才是最重要的。

以我自己來說，值得慶幸的是，父母不斷告訴我「能留給你的只有教育」，所以我學習意願高。雖然這項教育方針沒有讓我的學業表現變極好，但非常適合培養職業技能。

我從求學時，就有十個以上的打工經驗，完成某份工作之後就換下一份兼差，當時的我想要擴展自己的工作面向。

我的其中一份工作經驗是酒保。我在那個時候沒有特別思考酒保的經驗能對將來有什麼幫助，只是因為這工作看起來很受歡迎才做的。沒想到，後來自己竟然經營餐廳，酒保的知識和經驗因此派上用場。

這個狀況就像蘋果創辦人史帝夫．賈伯斯（Steve Jobs）在史丹佛大學畢業典禮演講中，談到「串聯點點滴滴」（Connecting the dots）一樣——先累積經驗，總有一天，各個經驗會串聯起來。

## 你該提升的是能力，而不是工作福利

我們可以這樣看待工作的價值：

- 過去的工作價值＝薪水＋福利。
- 今後的工作價值＝提升能力。

就算某工作的薪水和福利再好，要是無法提升自己的能力，做了也只是浪費時間。反之，即使薪水不算高，若能大幅提升能力，就應該盡力去做。

只要提高自己的價值，將來再多的錢都賺得到。甚至有一說是，自我投資的報酬率為每年一八%。與其投資風險不穩定的金融資產，不如投資自己，價值更高。

## 做喜歡的工作的人都這麼想

提升自己的能力，讓實力配得上興趣，擴充選擇。

## 6 以跳槽為前提，你不會努力

最近我和學生對談的機會越來越多了。當我詢問他們有關將來的事情時，經常得到這類的回覆：「我不打算在第一份工作做一輩子，我想在未來從事別的工作。」現在不是終身雇用時代，所以我不認為這段話有錯。

不過，讓我懷疑的是，一開始就抱持這種觀念，真的好嗎？

若用結婚來比喻這種心態，就像事先表明：「我不打算跟第一個結婚對象白頭偕老，將來想要跟別人在一起。」

劈頭就想跳槽，跟一開始就打算離異完全沒有兩樣。

用婚姻來舉例，就可以明白這樣說法多麼不合理，但在衡量工作、規畫職涯時，人們卻會講出類似這樣的話：

「現在的工作不打算做一輩子。」

「假如遇到條件好的工作，就會跳槽。」

「好想開創事業第二春。」

說得白一點，這麼天真的想法，是無法法提升職業技能的。

## 正業做不好，哪來職場第二春

抱有長遠的觀點不是壞事，可是，**若將現在的工作看作短暫棲身之**

**處，就不會有所成長。**

事業第二春，是指因為年紀或某些理由退休之後的工作方式。明明連現在的工作都拿不出成績，卻以為下一份工作會有好成果，這樣的想法也是大錯特錯。

我認為，**退休前先在原有的事業上締造成果，是開創事業第二春的第一條件**。

我從求學時就有很多工作經驗。無論哪個工作我都會拚命完成，不曾以辭職為前提。

我經營餐廳時，之所以能針對酒保或外場服務生舉辦研習會，是因為以前認真做好酒保的工作。假如，當時的我抱著「反正當酒保不是一生的志業」，以騎驢找馬的心態工作，那麼，我就學不會酒保應有的職業技能了。

當然，每個人的實際情況不同，你可能需要換工作。但重點是，工作時不能從一開始就以跳槽為前提。而是拚命工作到被解雇也不後悔，滿懷確實提升實力的自信，這樣的態度才可以學會職業技能。

**做喜歡的工作的人都這麼想**

無論什麼工作，都當作一生志業，認真做好每個部分。

# 7 做好隨時都能辭職的心理準備

看到這個標題，或許你會覺得這一節的建議和前一節相互矛盾，但其實，這也是為求拿出成果，需要做好的重大心理準備。

「要是失去這份工作，就沒辦法生存了」、「必須想辦法抓緊這個位置不放」，如果你被這種想法束縛，就不能大膽的挑戰工作了。

「若有萬一，隨時都能辭職」、「要是失敗而被解雇，就開心離開吧」，能下定決心努力的人，比較容易在工作上締造成果。

我二十五歲擔任客服公司員工時，就曾經制定關鍵績效指標，引進基礎系統。這些工作會對公司產生重大影響，要說沒有不安是騙人的。

然而，因為我抱持「就算辭職，也有辦法謀生」、「要是任務失敗，隨時可以辭職」的想法，所以遇到重大挑戰也能欣然接受。

此外，許多主管都喜歡像這樣積極工作的員工。因為唯有以這樣的態度埋頭苦幹，組織才會擴張。

組織只有擴張或衰退兩條路可走，絕沒有停滯和維持現狀。說得更直白一點，維持現狀意味著衰退，會因時代與社會的變化而被淘汰。

所以對企業來說，**停滯和維持現狀等於衰退**。願意不斷接受挑戰、變化及成長的員工不只是人才，也是能為公司創造價值的「人財」。

## 三個方法提升自我價值

我有三個方法，能幫助各位成為「人財」。

## ●參加課程或研討會

只憑在公司內學到的學問還不夠。也要掌握分內業務以外的知識，努力拓展視野。

有的課程或研討會能免費參加，有的則需要花錢，費用範圍廣泛。我建議各位要盡量參加付費活動，哪怕是幾百元的課程也可以。

因為人不會那麼珍惜免費取得的東西，所以要是沒有花錢，心態上容易鬆懈；反之，付出越多，也越有意識要好好把握、珍惜，所以收穫也越多。**我們要養成「為了獲得學問願意付費」的習慣**。

## ●從事副業

今後，人不會專心投入於單一工作上，有多個副業是理所當然。越過公司、自由接案並直接發揮長才的的商務人士也會增加。

當我們擁有多個工作後，不但視野變開闊，能力也會提高。

假如自己利用週末創業，連總裁應有的經驗也能培養起來。

身為一般員工卻具備總裁應有的經驗和視野，價值這麼高的員工想必是絕無僅有。

## ● 加入線上沙龍或其他社群

如果你的人脈資源僅限於公司內部，可說對你非常不利。另外，即使參加特定的講座，也不一定會擴展到人脈。

不論現在或未來，不只是公司內的人脈，也要努力擴展其他人脈。

畢竟，擁有廣大人脈者價值比較高。在日本，有句格言說：就像鑽石只能用鑽石來打磨一樣，人也只能用人來打磨。

打磨你自己的方法，就是與人相遇。

線上沙龍和社交平臺是未來人類彼此維繫的關鍵之一，若善加運用，便能創造人脈。

## 做喜歡的工作的人都這麼想

維持現狀等於衰退，不只在公司內部學習，在公司以外的地方也要提升自我、累積資源，就算突然丟了工作也不必擔心。

# 第二章

# 工作變有趣的三大基本功

# 1 想領高薪，三種技能缺一不可

「我應該加強長處，還是該挑戰棘手的事情？」這是人們工作時，必會碰上的問題。

常見的建議是加強長處。因為現在的工作能好好發揮自己的優點和專長，所以更要提升長處來投入工作。

這種建議很容易被採納。

不過，我認為若你想要追求更高的目標，就不該聽從這個建議。**想進一步成長，關鍵在於技能組合，也就是擁有不同的能力**。

假如只會做一件事情，就表示你所處的環境競爭單純。舉例來說，系統工程師（System Engineer）是以單一技術決勝負，其他工程師則是以更高超或最新的程式設計來決勝負。

雖說要掌握其他技能，但人們往往先學新技術，尤其是專業技能，例如機械操作等，導致其競爭變得嚴峻，難得學會的東西可能因此貶值（因為會這項能力的人越來越多）。這樣一來，學到的經驗就不會變成自己的資產，難以在將來大展身手。

因此，我的建議是提升基本技能——**無論從事什麼職業都需要的技能**。如溝通、做簡報、解決問題、籌備計畫、擬定課題等能力。

這些能力很難透過有形的形式（像是考證照）來證明，可是沒了它們，就很難往上爬。

哈佛大學教授羅伯特．卡茲（Robert Katz）曾提過一個論點叫卡茲理論，列出以下三種職業技能：

● 技術性技能。
● 人際關係技能。
● 概念化技能。

這三種能力的需求占比依主管階層而異。如下頁圖所示，層級晉升得越高，技術性技能的比例就越小，概念化技能的比例就越大。

加強能力指的多半是技術性技能，但很難藉此來升職。

而我剛剛提到的基本技能，就是卡茲所說的人際關係技能和概念化技能。有些大企業引進人才評估研習，人事考核則採用未經診斷不得升職的制度，以奠定員工的基本技能基礎。所以，請記住該方程式：

年收入＝勞動方式×專業技能×基本技能。

## 卡茲模型

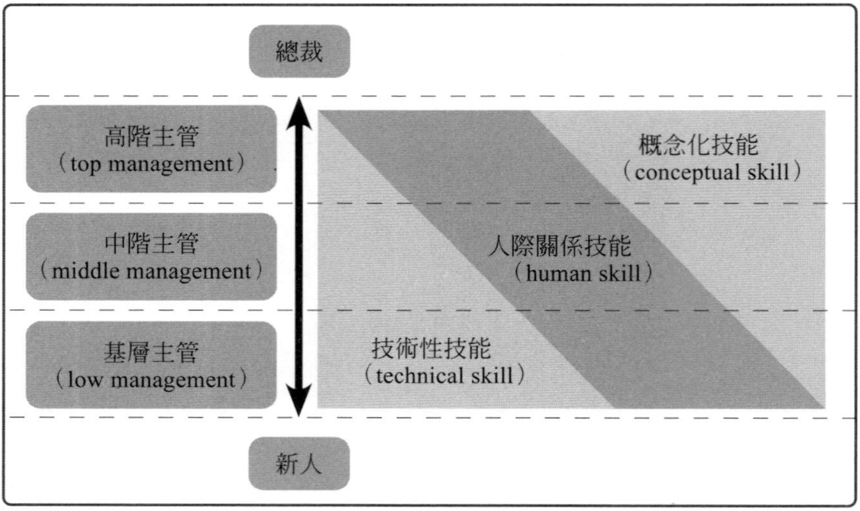


從卡茲模型中，可得知不同階層的管理職，需要的技能也不同。

**技術性技能：**如知道公司或業界的知識、銷售技術等。

**人際關係技能：**領導力、溝通、培訓能力等。

**概念化技能：**綜合判斷能力、分析和歸納、交涉能力、創造和解決問題能力等。

## 累積處理問題的經驗，學習基本技能

該怎麼做才能增加技能組合？

最好的方法，是「與問題好好相處」。

舉例來說，新冠肺炎疫情嚴重，世界各地經濟因此停滯，不得不改變工作方式。而日本相繼推動遠距工作，這就是日本社會與問題好好相處的方式。

只要能妥善因應問題，就可以創造比以前還要方便的環境。

一味逃避問題，就無法提高能力。**人們藉由不斷處理危機，逐漸學會基本技能**。

因此，就算新冠疫情告一段落，遠距工作模式也會留存下來。從企業角度來看，員工在五天中只有一天要到公司，辦公室的面積就能縮減成原本的五分之一；對員工來說，不只移動通勤時間減少，也能省下交通費，而且待在家裡比較自由。

因為方便，所以可想見新冠肺炎結束後，遠距工作模式也會持續發展下去。

### 做喜歡的工作的人都這麼想

不斷解決問題，就能學會走到哪、用到哪的基本技能。

## 2 工作太輕鬆，人很快就會無聊

假如有人問你：「我現在的工作非常無聊，該怎麼辦才好？」你會怎麼回應對方？我會回答：「既然覺得無聊，不如就辭職吧。」工作機會到處都有，就算辭職也有很多其他能做的工作。

你辭職後，公司的作業流程可能一時間會有些混亂，但你的辭職或許能讓公司成長。而且，既然你做得不情願，辭職對彼此而言都好。

所以，請各位站在「如果工作乏味就辭掉吧」的前提上，聽聽接下來要說的話：工作乏味，這種狀況原本就不正常。

只要發揮巧思，感受自己有所成長，工作就不會無聊。所以，正確來說，**並不是工作本身乏味，而是你以乏味的方式工作**。

想開心的工作，關鍵在於接受挑戰。

因為真正能讓人產生快樂的是，接受挑戰和學習新的東西。無所事事、沒有變化，雖然很輕鬆，但**輕鬆跟開心的概念截然不同**。因為有所行動，工作才會變得開心。

## 人際，影響一個人的產能

另外，工作時，難免需要喝酒應酬。即使不會喝酒、沒有每次參與也沒關係，重點是珍惜與人交往的機會。**工作時，人緣好壞相當重要**。

各位聽過霍桑效應嗎？這是美國西部電氣公司（Western Electric）的霍桑工廠，於一九二四年到一九三二年，針對人類的作業效率進行一連串的研究調查。

從這個實驗可以看出，影響作業效率和產能的，是勞動者之間的非正式組織。說得更直白一點，就是發現勞動者之間的私人關係——也就是人緣好壞會大幅影響產能。

假如，靠上班時的交流就能加深人緣倒還好，不過光靠工作上的交集，恐怕很難建立那麼深刻的情誼。而透過應酬，因為會聊工作以外的事，所以有機會加深彼此的信賴關係。

## 遠距社會更強調人際價值

交情好的同事跟交情普通的同事，同時拜託你協助工作，你會先處理哪一件？

想必答案是前者。

我敢說上司也是一樣，有關係好和關係不好的部屬。上司自然會給予前者好評。假設部屬能力相同，若遇到有趣的工作，想必上司也會交給關係好的部屬來處理。

由此可推論，努力跟上司、同事或部屬建立好交情，也是重要的工作之一。這一點在獨立創業時也一樣。要是和客戶或協力廠商的關係變惡劣，情況反而會比身為員工時沒處理好人際關係，更加嚴苛。

相信今後社會，會推動遠距工作，同事碰面的機會將逐漸減少。所以要是沒有主動參加應酬，或利用其他方法積極建立人際關係，即使在公司，也有可能會漸漸變得孤立。

想要從事有趣的工作，就要改善人際關係，並珍惜聚餐的機會。

## 做喜歡的工作的人都這麼想

改善人際關係，工作自然變得有趣又順利。

## 3 誰說學歷沒用，這代表你過去的努力

世間並不平等。

從誕生的瞬間，每個人的容貌、身高，以及運動能力都有某種程度的差異。也有一說認為，智力水準某種程度取決於ＤＮＡ。另外，原生家庭的收入不同，人們受到的教育也會有所差異。再擴大範圍來說，因出生的國家不同，能前往其他國家的選項也有所差異。

沒錯，世上存在各種不平等。

這就像是每個人站在不同的起跑點比賽跑馬拉松，起點離終點近的人，自然能較快抵達終點。但是，就算埋怨不公平，也不會有人理你。

世界就是這麼不平等，不過，只有時間是平等賦予所有人。

一天二十四小時，時間就這麼流逝，對誰來說都一樣。

所以，怎麼運用時間，將會直接影響人生品質。

抓緊時間，為將來而努力；渾渾噩噩，只圖當下之樂；或者是發呆度日，錯失光陰。

根據你利用時間的方式，出現的結果會極為不同。

## 學歷不是最重要的，但它能成為你的優勢

我以用功念書為例。

擁有學力或學歷當然是最好，至少出社會的瞬間，就比一些人來得有優勢。

例如，就讀東京大學（按：簡稱東大，日本排名第一的大學）的人出了社會之後，一定會受到優待。當然，不論是誰都知道，並不是每個讀過東大的人都很能幹，但這份學歷至少證明了「這個人能努力到可以上東大」。

既然證明自己可以這麼努力，出社會後，自然獲得高度評價。

我曾請教以「塾底辣妹」聞名的小林彩加（按：原為整天玩樂、只有小學四年級程度的高二生，因故到補習班接受指導，最終考上慶應大學。根據二〇二一年資料，慶應大學在日本大學排名為第十三名），她說：「我很幸運。其實，讀慶應大學並不是什麼了不起的事。」

雖然彩加表現得很謙虛，但我認為她是努力考上好大學，大幅扭轉人生的好例子。因為花時間努力，人生才有所改變。

## 不努力的人很多，所以努力的CP值很高

那麼，假如之前沒有拚盡全力，是不是就無法改變人生？

當然不是。

努力的CP值即使出了社會也不會變。

拆解「學歷」一詞，就是你學習的歷史。就字面上來看，這段歷史（學歷）會止於學生時期，但人在步入社會後，還是能繼續努力。

假如求學時沒有努力過，那麼，就在出社會後提升自己。

所以，想要在不平等的社會贏到最後，就要記得花時間努力。

只要努力，就可以逆轉人生。再加上現代環境變化，人們越來越好逸惡勞，所以懂得努力的人，很容易獲得高評價。可以說，現在的努力CP值是史上最高。

在現代，即使沒有強大、突出的能力，也可以確保薪水，好好的生活；假如生活困頓，也可以接受接受政府的生活保障，人們因此漸漸變得貪圖安逸。

從這點來看，努力才是現代社會賦予我們的最強武器。

## 做喜歡的工作的人都這麼想

在現代，努力的CP值很高，所以懂得怎麼利用時間的人，有利於拉開與他人的差距。

## 4

# 現在看似無用的努力，總有一天回報你

「雖然努力的CP值很高，但也會有白費努力的時候吧？」儘管我也聽過這種說法，但我認為白費的努力並不存在。

努力大致可以分為兩種：

- ●馬上就有回報的努力。
- ●總有一天能獲得回報的努力。

現代變化速度過快，所以人們往往只重視能馬上看見回報的努力。

這是因為，要是沒感受到回報，就很難有動力持續努力。這很正常。

只是，若希望一努力，馬上就能有所收穫，就要在正確的方向，正確的努力。這裡說的正確，指的是能否接近理想和目標。例如，想上東大，就該用功學習；想取得證照，就該好好看資料；想擁有結實的肉體，就要全力進行高負荷的肌肉訓練。

找出最短的距離，然後一鼓作氣接近自己的理想，這是努力後馬上就能獲得回報的條件。要注意的是，做事不能拖拖拉拉，否則就會忘記學會的知識或怎麼活動身體。

## 拚命去做，總有一天絕對會派上用場

什麼是「無法馬上獲得回報的努力」？

舉例來說，我起初不喜歡音樂，而且是音痴，所以從沒有想唱歌的念頭。然而，在我求學時，因為膽小畏縮，拗不過別人的勸說而參加合唱團。

我參加的合唱團是全國大賽的常客，他們的練習也很有趣，最後我潛心合唱了三年。即使翹課也一定按時參加社團活動，我的學生生活就這樣度過。

我在這裡學會發聲和合唱技巧。雖然當時的我不認為這些能力會派上用場，現在卻發現沒有比這更有用的能力。因為我是講師，能正確、好好的發聲就變成我的優勢。

儘管我當時從沒想過將來要成為講師，但就結果來看，求學時參加合唱團的經驗，至今依然有用。

人生充滿未知。即使是看似派不上用場的事情，只要認真努力，未來一定可以活用這份經驗。就算之後不會用到學會的專業技能（以我的例子來說，就是合唱），但只要專業技能助於提升基本技能（而合唱和發聲，幫助我更能清楚的表達），最後一樣能發揮作用。

半吊子的努力不會帶來回報，不過認真努力一定會以某種形式發揮作用。所以，即使沒有立刻派上用場，也要認真做好事情。

## 做喜歡的工作的人都這麼想

每一份努力，遲早會回饋到自己身上。

5

# 所有的規則，都是用來打破的

我相信沒有一個民族像日本人這麼遵循規則。

可是，隨著時空變化，規則也需要改變。所以，要對既定的規則抱持疑問，思考該規則是否真的正確。

舉例來說，在汽車問世後，人們的交通工具逐漸從馬車換成汽車，當時的交通規則並不像現在這麼多。但因人習慣駕駛汽車後，交通事故隨之增加，以至於推動許多規則，來加強管制汽車。這是件好事。

不過，要是認為建立的規則不容改變，就無法接受新技術了。

淺顯易懂的例子就是賽格威電動車（按：Segway，一種電力驅動、具有自我平衡能力的個人用運輸載具）部分國家允許賽格威上路，但在日本，賽格威卻有管制。

相信使用過賽格威的人，都十分了解這個交通工具多麼方便。我有一輛單輪型的賽格威，平時會在私有地使用。賽格威可以設定速度的上限，即使空出雙手也可以輕鬆操縱。由於賽格威藉由總體重心來移動和煞車，所以熟練怎麼操作賽格威後，會比看起來還要安全。

另外，賽格威重量輕、省空間，不用煩惱沒地方擺，還能放進火車站的置物櫃裡。我認為假如允許賽格威上路的話，就會一口氣解決停車場空位不夠的問題。

然而，日本法律不允許賽格威行駛在公路上。

雖然賽格威能藉由重心來煞車，但日本法律認為假如沒有明確的煞車裝置，安全性就有疑慮。

## 公司的規則和慣例，切合現在的狀況嗎？

像前面提到的例子一樣，世上有很多不明所以的規則和慣例，相信部分公司企業也有這樣的問題。

當然，法律層面很難改動，但工作上，我們可以對沒有具文的規則和慣例抱持疑問，時時思考，某項規則是否符合現代環境。

有時候，光是簡單的改變規則，工作就變得容易執行。

想必以後的工作方式會朝遠距或居家的方向改變。接受新技術，不囿於過去的規定，努力改變規則讓工作更容易執行，這樣的機會理當會增加才對。

## 做喜歡的工作的人都這麼想

懷疑既有的規則，假如有必要，就改變它。

## 6 未來不能靠預測，要自己描繪

很多人問我：「你認為將來的社會會變得怎麼樣呢？」仔細想想，就能理解為什麼他們會這麼問了。畢竟只要知道未來狀況或趨勢，任誰都可以輕易成功，因此大家拚命預測將來會怎樣。

不過，有項資料指出，有關未來的預測，幾乎都不準。

當時在三菱綜合研究所政策暨經濟研究中心擔任主席研究員的白戶智先生，於二〇一六年一月發表研討會資料「三菱綜研掌握的社會變動——掌握無法預測的未來」，檢驗一九七〇年代的預言「未來四十年會變得怎樣」。結果，預言幾乎沒有應驗。

例如，在一九七一年，有人預測未來人口成長會爆炸。而現實是，人口成長率減少一半；以前有人預測狂牛病會造成數十萬人死亡，實際上，在之後二十年，只有一百七十二人因狂牛病過世；甚至有恐怖的預測，發生核戰爭，核冬天（按：nuclear winter，大量使用的核武器，使煙和煤煙進入地球的大氣層，對地球氣候造成毀滅性影響）因此到來，不過，現在核武器已經撤除了三分之二。

總而言之，就連專家的意見都不準確。所以，我建議不要藉由預測未來來展開行動。

## 遠距工作的時代需要自己決定的能力

我認為，比起預測未來，更重要的是描繪未來，且不能讓國家、公司，甚至父母幫忙，而是靠自己妥善的規畫。

自己的人生想怎麼走？

想在世界上留下什麼影響？

這並非事不關己，你想要怎麼做？

我們從小習慣接受別人教導，導致最後無法自己決定事情。可以想見，即使看到新冠肺炎劇烈改變現代社會，仍有很多人無法獨立思考。尤其遠距工作更需要多加判斷再執行，屆時你能憑自己的判斷，行動得多麼敏捷呢？

**自從遠距工作變得理所當然之後，不受人管轄、沒人幫忙下決策就無法工作的人，根本派不上用場。**我們要學會自己思考和下決定。決策能力將會成為未來時代必備的技能。現在馬上停止預測未來，因為未來不是用預測的，而是要靠自己描繪，再朝那個方向努力。

## 做喜歡的工作的人都這麼想

決策能力日益重要，所以要深入思考和決定自己想要做什麼。

7

# 想要變得很厲害，升職是個好方法

職場上，有一種人他跟你當同事時，是很好的夥伴，但在他升職當主管後，卻總說惹人厭的話，變得自以為是。

為什麼會發生這種事？原因可能有兩個。

## ● 職位會塑造一個人

職位會讓人成長，也讓人改變。

以正向例子來說，某人晉升為課長後，心想「既然身為課長，必須做好榜樣」，而認真埋頭工作。

剛開始，可能沒辦法正確衡量自己的能力，無法否認會有不足之處。但是，這份不足會促使人成長，所以配合職位改變並提升自己，是一樁美事。

而負面例子，則是誤以為「擁有權力＝偉大」。因為覺得自己偉大，所以態度變得狂妄自大，試圖用權力強迫周圍的人服從自己。如此一來，當然不會受人尊敬，沒人想在他底下做事，團隊表現自然低落。

## ●職位會揭穿一個人

擁有權力，充其量只是擁有職責，並沒有多了不起。然而，有些人擁有權力或職權後，誤以為自己變得很偉大，不知不覺就露出本性。

**權力不會改變人，但會揭露人的本性。**

也就是說，並不是擁有權力就會自以為是，而是那個人的本性就很自以為是，只是因為擁有權力，而暴露本性。這不是職位的問題，而是那個人的品性問題。

## 以一個觀念改變對職權和地位的看法

改變別人很困難，但我們可以透過他人來警惕自己。

當我們出人頭地、職權在身，擁有權力時，要牢記別變得傲慢。

在現代，員工流動率高，人人隨時都可以換工作。要是誤以為稍微做出成果就變得偉大，別人會馬上遠離你。

升職，是指責任加重，而非變偉大。

順帶一提，在現代即使責任加重，也不會大幅調漲薪水。所以若問年輕人的意見，很多人會表明不想升職。

不過，請先換個角度思考。

責任加重，表示能力範圍相對變廣。這麼一來，既可以隨心所欲調度工作，工作的樂趣也會增加。能體驗到的事情想必也會越來越多。

我在前文提過，工作的價值不是薪水，而是取決於藉由工作能獲得什麼職業技能。換句話說，責任變大，就相對提升你獲得職業技能的機會。而能力提升，相對提升增加收入的機會，且工作會變得更有趣。

責任加重，並不等於討厭的事情變多，而是提高幹勁。

## 做喜歡的工作的人都這麼想

升職能讓你學會更多技能。

# 第二章

# 不吃虧也不委屈的職場人際法則

## 1 無須和每個人都相處融洽

一般來說，與人相處融洽是好事。

不過，我認為出社會後，仍秉持「和每個人好好相處」的原則，恐怕完全走錯方向。

雖然人在求學時，會比較成績高低，不過即使比輸了，也沒有太大的損失。例如，托福分數清楚明瞭，和別人競爭沒有意義，而是該朝自己決定的目標分數努力才行。

證照考試也一樣，並非證明誰贏誰輸，而是反映出自己的努力。

硬要說的話，雖然考試有分排名，但這並非在眾多考生中與人爭勝負，而是展現出當事人努力結果。

這就是學校的理想：和每個人相處融洽，大家互相聲援，沒有任何人吊車尾。

## 幫助人是好事，但要有限度

當然，即使出社會，大家互相支持、一起獲得勝利，也是許多人的理想。許多商管書歌頌讓企業和員工「雙贏」——一同勝利、成長——的重要性。不少公司也將這個理念當作社訓。

不過，遺憾的是，現實中的人和公司並非都是如此。

很多人認為只要做好該做的事就行了，結果卻被人予取予求。

華頓商學院教授亞當．格蘭特（Adam Grant）的著作《給予：華頓商學院最啟發人心的一堂課》（*Give and Take*），暢銷全世界。書中闡述最成功的人是給予者（Giver），反之最不順心的人也是給予者。

給予者不順心的理由有兩個：

1. 從給予到得到回報，要花時間等待：給予，就像農家播種，開花結果需要時間，在此之前必須耐心等候。
2. 不管遇到誰都會給予太多：索取者（Taker）只會考量自己的利益。要是給予這種人太多資源，就會被對方予取予求，不斷引發負面效應。

為了和別人相處融洽，除了接受他人好意以外，也需要提供好處或幫助。

雖然給予者有辦法和很多人來往，但需要慎選結交的對象。

像學校這種小型社群當中，最理想的狀況就是彼此聲援，所以大多數人會期望大家能好好相處。不過，出社會後，因為可以自由選擇要結交什麼人，所以沒有必要特地跟只會索取的人來往。

為了讓人生過得更好、更舒適，請分辨哪些人適合結交，哪些人不適合往來。

雖然對人的喜惡過於分明也是問題，但是因「完全合不來」、「看了反倒討厭」，而不和他接觸也沒關係。

重點是，不能以討厭為由來攻擊別人。討厭某人的話，就要避免過度干涉，來往時保持適當的距離就可以了。

有趣的是，有時會在某種契機下，和這樣的對象突然相處融洽。

但若不顧一切，硬要和別人打好關係，反而會讓人際關係惡化，沒辦法好好交往。

## 沒必要贏得所有人的喜歡

這裡我先來介紹日本的家庭餐廳（按：適合一家人來聚餐、價格親民的休閒式餐廳）。

不管去哪個地區的家庭餐廳，餐點好吃且味道不會有太大變化。假如在陌生城市苦惱要去哪家店用餐，只要進入知名的家庭餐廳，一定可以吃到美味的東西。

不過，遺憾的是，這樣特色就不鮮明了。

以烹飪來比喻，鮮明指的就是超級辛辣、味道相當濃郁，或是蔬菜量多等。這種因素會吸引忠實顧客。當顧客頻頻光顧、給予強力支持時，便會吸引類似的同道中人。

如果我們和他人相處總是察言觀色，像家庭餐廳追求每個人都會喜歡的味道，雖然不太會樹敵，但也很難建立深厚的人際關係。

比如你要開始做生意時，願意金援你的人，恐怕就不太會在這些人之中出現。

反過來說，發揮鮮明個性的人，極有可能吸引到粉絲或同道中人。

若能吸引到這類人並建立深厚的信賴關係，照理說不只在職場上，當你想要大展鴻圖時，也一定會有人願意伸出援手。

所以根本沒有必要受每個人喜愛，也無須和每個人相處融洽。而是具備鮮明的個性，並選擇適合結交的人。

## 做喜歡的工作的人都這麼想

慎選來往對象，建立值得信賴的關係。

# 2 開心的事，沒人逼你也會主動做

ＴＫＣ（Tensai Kods Club）公司理事長田中孝太郎是我的朋友，同時也是我尊敬的企業經營者之一。

ＴＫＣ公司其中一個主要業務內容，是經營托兒所「天才兒童俱樂部」，那裡的孩子非常厲害。每個孩子在畢業時都會倒立行走、後空翻、看得懂漢字，能將內容翻譯成英文或計算加減法，就連乘法都能運用自如。簡直就是天才兒童。

我與田中相遇的機緣，是在居酒屋Teppen創辦人大嶋啟介主辦的派對上，經人介紹而認識。

我曾在電視節目上聽過這個托兒所，當時的我其實這麼想：「小孩子畢業前要會這麼多東西，接受斯巴達教育一定很辛苦吧……。」

難得有緣在派對上見到田中，於是我請教對方教育祕訣，結果得到令人震撼的回答：「天才兒童俱樂部的教育方針，是不使喚、不教學、不強迫，與斯巴達教育正好相反。孩子們會自動自發學倒立行走，記住文字。」

真是驚人。為什麼可以做到這種事呢？

我繼續追問原因，田中說：「關鍵在於開心。人一開心就會主動努力。所以天才兒童俱樂部重視的第一件事是開心，第二件事也是開心，第三第四姑且不論，第五件事還是開心。

「不過，就算對這個年紀的孩子說『要開心去做』，他們也聽不懂。所以重點在於大人要先樂在其中。只有大人看起來開心，孩子們也會開心。

「所以要先營造出讓授課的老師開心的園區。」

田中的這番話令我恍然大悟。

不論是誰都喜歡開心的事情，因為喜歡上了，所以不用別人說也會行動，不斷進步。

## 人只要開心，自然會學習

這是教育人才最重要的關鍵。

舉例來說，先進和後進的關係，就讓許多人苦惱。

進公司幾年後，就有後進陸續加入了。該怎麼讓後輩成長，讓對方願意聽話，確實做到報連商（報告、連絡、商量）……類似的煩惱永無止境。

我認為，「開心的事情就會主動做」，是這種煩惱的答案之一。

在沒有朝氣的職場做事，工作會逐漸變得枯燥乏味，就像服勞役、接受懲罰遊戲一樣。這麼一來，人們自然不會開心、也不想努力。即使想稍微偷懶，能不做事就不做事。可是這樣既不會提升工作的幹勁，甚至會失去專注力。

怎麼樣才能開心工作？

什麼樣的人際關係可以讓彼此舒適相處？

只要在營造職場環境時衡量這些問題，人就會不斷提升能力。

只要重視開心這份心情，就無須強硬的叫人工作。

日文中有個詞叫做「自學自習」，這種用功方式最有效。雖然學習時，接受老師指導也很重要，但若只在老師教自己時才用功，便無法真正學會要學習的事物。

學習必須要靠自己認真向上。

假如你必須教導別人某些東西時，請回想這個原則。

事實證明，不教學、不使喚、不強迫的做法，才會培育出天才。

## 做喜歡的工作的人都這麼想

開心，才能提升工作幹勁。

## 3 信用能創造財富，但需要時間累積

「我開始做群眾募資（crowdfunding），你可以購買或贊助我嗎？」前陣子經常有人來找我商量這種事。

群眾募資，是一種透過網路，向不特定人數募集一筆筆小額資金的方法。雖然募資風潮最近稍微消退，但即使如此，群眾募資的使用者還是有一定人數。如果我看到有趣的群眾募資，也會出錢取得那項商品。

假設你要開始做生意，藉由群眾募資來募集資金，相信會是有效的方法之一。

然而我們得從群眾募資中，思考在現代社會什麼才是最重要的。

我認為，在現今社會中，信用的價值比金錢更高。

看看日本搞笑藝人西野亮廣就很容易明白這個道理。每當他做群眾募資，最終都能募集到很多錢。這是因為西野有一定數量的核心粉絲。

核心粉絲的另一種說法，就是信用度高的粉絲，他們認為「西野要做的事情應該會很有趣」而出錢。即使做同樣的事情，若提案者不是西野先生，想必就不會募集到那麼多資金了。

## 信用換成金錢，就會不斷減少

這種「〇〇要做的事情應該會很有趣」的集資法，就是拿信用換金錢，藉此募集資金。

既然是拿信用換金錢，那麼換掉的信用度就會逐漸降低。

簡單來說，就是一再提出荒謬的要求，別人就會陸續離開自己。「我開始做群眾募資了，你可以出錢嗎？」像這樣憑一點交情，就屢次要人出錢，對方當然受不了，更無法維持長久的人際關係

**理想的做法不是拿信用換錢，而是以信用創造財富。這兩種的概念完全不同。**

以群眾募資為例，「因為是○○……」這項動機並不是問題。接下來才是關鍵。理想的情況是別人看到實際商品或服務時，就算不知道提案者是誰，也會願意直接購買。這麼一來，就能以原本的信用為基礎，獲得更多信賴，甚至讓人自動掏錢。

線上沙龍（Online Salon）也是淺顯易懂的例子。

線上沙龍的機制是收取月會費，並提供資訊或服務。假如提供的資訊或服務讓人滿意，成員就會繼續參加。另外，線上沙龍的有趣之處，

在於續約後，能看到過去的貼文，所以沙龍應有的價值會不斷提升。

這並非線上沙龍的專利，餐館也會進行類似的交易。

例如，我之前去的一家餐館，提供每個月付五千日圓不限來店次數的暢飲服務。只要每個月花五千日圓，就可以來幾次喝幾次，此外餐點也很好吃，所以顧客滿意度高，銷售額因此上升。想必這是深思熟慮的安排。

現在也有一些燒肉店、拉麵館等店家在做預購和定額制服務。

你也能試著在累積自身信用的同時，衡量、建立創造財富的機制。

## 做喜歡的工作的人都這麼想

想一想要怎麼以信用創造財富。

4

# 太在乎多元意見，會讓你沒主見

日本正面臨少子高齡化社會，所以許多人認為，多元化是現在必須思考的重要課題之一。的確，日本勞動人口減少，必須接受來自國外的勞動力，在這種狀況下，接受多元化的工作環境，建立人際關係就顯得很重要了。

不過這真的正確嗎？

日本筑波大學副教授、當代媒體藝術家落合陽一，在著作《日本復興策略》闡述，少子高齡化會造成經濟衰退的觀念，原本就甚有疑慮。既然機器人跟ＡＩ迅速發展，取代人類工作，那麼，是否真的需要人類這種勞動力？

舉例來說，東京的無人收銀機（按：將商品放在特製購物籃後，利用專用收銀機結帳。配合消費者的操作完成結帳〔現金或刷卡皆可〕等程序後，購物籃底部會抽開，讓購買品掉進下方塑膠袋，此時只要拎了就可以走）不斷增加。

我以經營者的角度來說，無人收銀機不靠人力即可運作，所以不需要支付人事費，省了高額成本，可說再好不過了。

再者，透過無人收銀機，更容易應對外國顧客。因為世界上所有語言幾乎都可以翻譯，只要用無人收銀系統，外國顧客就算不知道怎麼操作或不懂收銀機上的字，也可以直接查詢，這麼一來，要做外國人的生意也不是問題。

看到這裡，相信有些企業經營者會希望盡量引進無人收銀機。要是無人收銀機越來越普及，想必也會出現「人工收銀時，商品價格會較貴」的店家。

另外，亞馬遜則推出連收銀機都沒有的無人便利商店（按：指商店內沒有任何服務人員及收銀人員，顧客入店後完全採自助方式購物與結帳，不用排隊付款，實現顧客「拿了就走」的新型零售商店）。

在無人商店入口處掃描Amazon Go App確認身分，之後只要將想買的商品放在手上、走出店外，就會自動結帳。

店員要做的就只是補充商品。

這種服務的卓越之處，在於完全掌控誰買了什麼，要是出現不當的行動，如扒竊等，那個人的帳戶就會遭到停用，就算去其他分店也不能購物，讓顧客自動採取正確的行動。

按照常理判斷，這樣的服務顯然應當普及化。因為人會為了讓生活更便利而行動。

## 多元化應是手段，而非目的

衡量社會趨勢時，假如不考慮實際狀況，直接大量接受來自國外的勞動者，可就錯了。假如有需求，多元化固然重要，但無須因為多元化重要，所以就「為了多元化而多元化」。

與人交往也一樣。

有人會因認為實踐多元化社會很重要，於是拚命和外國人套交情。雖說相處融洽不是壞事，但若那麼有空，與其一味的接觸外國人，不如先把時間、金錢和勞力，用來讓自己精益求精。

有外國朋友和你的價值高不高是兩回事。

順帶一提，從多元化延伸出一個新詞彙，叫做「青色組織」（Teal Organization）。雖然號稱是「將來組織應有的樣貌」而受到矚目，但不能毫無疑問的接受這個概念。

青色組織是沒有分階層、人人平等的組織。沒有上下關係，上司也不會管理部屬。全體成員發揮領導能力，凝聚團隊。

聽起來確實不錯，像是年輕人會喜歡的說法。

然而，要是在沒有足夠經驗就任意下決策，組織狀況反而會變得混亂，也沒辦法即時調整決策方向。

青色組織的前提，是「完全了解和共享全體成員的目標」，以及「全體成員為了達成目標，要有業務執行能力和領導意識」。

雖然人難免有這種想法：期盼自己的意見能獲得認可，希望人人平等。不過很難說「玩票性質的青色組織」究竟有多少？

我認為，多元化充其量只是手段，而非目的。

成為接受多元社會的人雖然重要，但若硬要順應多元潮流，到了失去自我的地步，就要重新思考自己真正想做的是什麼。

### 做喜歡的工作的人都這麼想

新的事物或概念不需要馬上採納，先想想是否能與環境「相容」。

## 5 世上沒有適用所有人的選擇

「我是對的！」

「不，我才是正確的！」

相信沒有比捲入這類爭執更麻煩的事了。

我曾遇到這類的事，事情的開端是，兩位同事爭論公司內部的郵件是否要寫問候語。

一個人認為信件開頭應該要寫問候語，因為這樣就不會讓對方覺得不禮貌而不開心，能圓滿達成工作；另一人則認為開頭不需要寫問候語，以免浪費彼此的時間。

這讓我想起以前在書上讀過類似的內容，某家公司認為內部郵件寫上問候語很多餘，所以禁止員工這樣做。當時的我很訝異竟會有人在意這種事。

你認為哪一方正確呢？

我個人認為寫幾句問候比較好。但不寫比較好的意見也有道理，很難說有什麼不對。

所以，我認為雙方都是正確的。

## 尊重對方的理念，等於從新的角度看事情

許多人與他人來往時，總是因「什麼才是正確」而煩惱。可以說，和他人的關係變差，常常起於這種「正確的差異性」。

死守自己的理念，進而攻擊別人、摧毀重要的人際關係，這種事情多不勝數。哲學家菲力帕・芙特（Philippa Foot）在一九六七年發表的思考實驗「電車難題」，就在探討這件事：

一輛電車失去控制。

在電車正行駛的軌道上，有五個人正在工作，但沒人來得及通知這五人撤離現場。假設，這時你在軌道的轉轍器旁，只要切換電車的軌道，這五個人就能獲救。但另一條軌道上有一個人在工作，要是切換軌道，那個人就會代替五個人犧牲。

你會將電車引向別的軌道嗎？

假如你打算拯救更多人，便會改變軌道。然而，這麼做就表示，有一人死於自己的選擇下。要是什麼都不做，會有五個人遭遇不幸。

再把問題弄得複雜一點：假如你是這個電車的駕駛，能藉由遠端遙控改變軌道，你會怎麼做？

還可以想想這個問題：假如另一條軌道上正在工作的人，是你最心愛的人（情人、親兄弟或孩子），你會怎麼做？

不管是想盡量多救一些，或者拯救自己心目中重要的人，都屬於正確答案。當然，選擇「不想因自己的選擇影響別人的命運，所以什麼都不做」，也是正確的。

這個問題不存在標準，無論哪個選擇都正確，分不出優劣。

總而言之，就只是看自己重視什麼罷了。答案會因人和狀況而改變，所以不能因認定只有自己才是對的，而把想法強加在別人身上。

自己重視的事情，別人不一定重視。

這個世上沒有適用於所有人的選擇，沒有絕對的正確。自己認為對的事，或許他人不會那麼想，事情對錯也可能會因狀況而變。和人來往時，要好好記住這一點。

與人討論時，要記得先停下腳步，尊重、接受對方說的話，不要馬上否定。

**做喜歡的工作的人都這麼想**

試著接受與自己相異的意見，就可以從不同觀點看事情。

# 第四章

# 做喜歡的工作的人都這樣想

## 1 夢想不必遠大，從能馬上辦到的開始

「岡崎先生的夢想是什麼？」

其實我覺得這個問題非常難回答。因為我有目標，卻沒有夢想。

在現代社會，我漸漸感受到一種風氣：擁有夢想的人才是對的，人不能沒有夢想。

當然，擁有夢想比沒有夢想來得好。

有關夢想的問題，有的孩子這麼回答：「我沒有夢想。只要平安長大，慢慢的老去，毫無痛苦的死掉就行了。」對此，有些大人會提出建議：「找個夢想吧。你擁有潛力，不管做什麼事都能實現的潛力。」

## 「夢想＝難以實現」的詛咒

不過，我反而認為，即使沒有夢想也沒有關係。

因為說到夢想，總會讓人聯想到很難達成的事，像是成為職棒選手、YouTuber，或是成為藝術家。所以大腦裡的某個地方，搞不好會有這樣的方程式：「夢想＝難以實現」。

因為把夢想定得太難，所以在被壓力、挫折等壓垮前，就想放棄。

舉例來說，有人夢想成為職棒選手，然而，能成為職棒選手只有一小部分人，不是每個人都當得了。

孩提時描繪的夢想，就這樣破滅了。有些人接著想：「去考證照好了。既然要考，就考個既有用、等級又高的證照。註冊會計師或律師看起來很不錯，電視劇上的律師看起來很酷，讓人憧憬。」或者又想：

「飛行員也不賴，可以翱翔天空。工作之餘，還能環遊世界，這個職業真好！」

不過，一旦以此為目標後，便發現證照考試很困難，而且考取證照的成本也很高，於是很快決定放棄，然後另尋夢想，結果發現很難達成又放棄……等回過神來，許多放棄的夢想已堆積在身後。

這樣的經驗不斷重演，於是人下意識以「放棄夢想」為前提。

更糟的是，有很多夢想殺手在一旁不斷的潑冷水：

「反正你做不到。」

「還是放棄比較好。」

「不會受傷不是比較好嗎？」

「真不切實際。」

他們打著「我是為你好」名義，將自己的想法強加到他人身上。然而，事實上，這種人之所以會說上述那些話，是因認定「因為我做不到，所以你也不可能做到」。

## 中午想吃義大利麵？這也是好夢想

你的人生別讓其他人決定。

假如受到正面影響倒還好，但假如別人帶來的是負面影響，例如逼迫你放棄等，則不該接受他的提議或想法。

這也是為什麼我在前文提到，「要跟好人交往」、「要謹慎選擇結交的對象」，是出社會之後必須做的事情之一。

要是受人影響而習慣放棄，即使擁有夢想，也會下意識認定夢想無法實現。

此外，許多人談及夢想，會認為其難度很高或是極為抽象。說得極端點，就像許願「世界和平」一樣，世界和平不能靠一己之力輕易達成，要是提出難度那麼高的夢想，就算放棄也無可厚非。

為了避免發生這種情況，我們要重新定義夢想：

X 夢想＝難以實現。

○ 夢想＝簡單就能做到。

比如，今天午餐想要吃什麼？

「吃蕎麥麵」、「吃豬排」、「吃義大利麵好了」、「那間店的套餐很好吃」……這些都是美妙的夢想。另外，期盼接下來會發生、但尚未發生的事件，並把這些事件視為夢想，能讓夢想成為自己更加熟悉的事物。

描繪遠大夢想或抱有高難度的夢想，都會讓人養成放棄的習慣。既然如此，先試著把身邊能馬上就能實現的事情，當作夢想，體會實踐夢想的感受。

只要反覆描繪並實現夢想，就能培養實踐夢想的力量。夢想要是設想得很困難，就輸了。

## 做喜歡的工作的人都這麼想

試著將馬上就能實現的事情當作夢想，體驗實踐夢想的感受。

## 2 做喜歡的事卻不快樂？因為你愛比較

我們描繪夢想時，往往會和他人比較。像是羨慕某個人；大家都有的東西，自己也想要擁有；不希望有他人做過、自己卻沒做過的事情。

你是否會忍不住這樣想？

「好羨慕很多人都去國外旅遊，甚至舉行婚禮，我也想這麼做。朋友把在夏威夷旅行拍的照片，用在婚禮典禮上，看起來真幸福……。」

「雖然我們是同期，為什麼是那傢伙升職，而不是我？或許他很努力，但是我連努力的機會都沒有。因為他受到上司關照，而我不管做什麼，卻總是立刻遭到反對。雖然有人建議創業，但不是每個人都適合創業。對了，我某個大學同學獨立開業，似乎混得還不錯……。」

「那個人拿的皮包不但是流行品牌，而且還是最新款！一問之下才知道，日本沒有賣那個皮包。雖然我有名牌貨，但用很久，也變舊了。真好，我也想要最新款的皮包。」

愛比較的人容易這樣思考，然後決定「我也去國外旅遊吧」、「我也嘗試獨立創業好了」、「買新的名牌包」。

當然，假如這些狀況能因此成為努力的動機，倒也不壞。

不過遺憾的是，以他人為準則而努力的人，多半會半途而廢。

## 比較，你只是看到他的表象

有一句話是「鄰家的草分外青」。從字面上來看，是指從自身角度來看，隔壁人家的草地顯得青翠、漂亮又吸引人。

不過，其實從當事者看來，有時只是表面上看起來很好，若要持續下去，可能因此吃盡苦頭。

例如，說不定當事者們就曾因婚前去夏威夷旅行及拍攝婚紗照，而大吵一架：「為什麼要擺這種姿勢拍照？在大熱天穿無尾禮服，再加上不滿意照片，就要重拍好多次，太辛苦了。明明也可以在日本拍婚紗照，沒必要特地跑來夏威夷拍……。」

拚命蒐集最新名牌包的人也一樣：「大家說我時髦，為了保持時髦形象，我得隨時找新鮮貨。名牌不便宜，所以必須忍住其他欲望才行。而且保養皮件很辛苦，要是出差錯，就等於毀了包包的價值。可不能讓別人進來家裡……。」

要是藉由與他人比較來決定自己的幸福，幸福只會離自己越來越遠。而且，因為比較而擺出優越感的人，最後會變得惹人厭。

比別人幸福、富裕、聰明……即使像這樣畢生追求卓越的頂點，最後也只會成為孤獨的登山客。因為任誰都不會來到自己的周圍。

重點是，根據自己的準則來決定幸福。

別再羨慕看起來比自己幸福的人了，說不定對方反而羨慕你。

自己的幸福由自己決定，這種生活方式才是最幸福的。

**做喜歡的工作的人都這麼想**

要以自己的準則決定幸福，而非他人的準則。

## 3 莫忘初衷是好事，但不要固執

人們最常給予懷抱夢想的人的建議，是莫忘初衷——要維持最初的志向和熱情，不能放棄，繼續做到夢想成真為止。也有人的建議是鍥而不捨，要像拚命三郎般，繼續做下去。

可是，莫忘初衷真的是真理嗎？

雖然世上有各種企業經營者，不過能實踐並延續最初夢想的成功人士，可說是鳳毛麟角，途中改變自己的夢想或願景的人反而占了多數。

先來舉個例子，有些人在孩提時代夢想成為職業棒球或足球選手，有的人則想開花店。若說莫忘初衷，即使年過四十歲也要維持這個夢想，會發生什麼事？

開花店倒還好，要是立志當職棒選手，現在才開始練習就太晚了，且很不切實際。

但如果稍微改變夢想，像是「擁有職棒球隊」或許有機會可以實現了。當然，擁有職棒球隊的夢想非常宏大，所以讓夢想再稍微實際一點，就是組個業餘棒球隊。

類似這樣，剛開始夢想「成為職棒選手」，通常也會隨著年齡增長，衡量什麼樣的夢想符合現實，再逐步修正。

第三章提過的大嶋啟介，是我尊敬的企業經營者之一。他曾夢想「在甲子園（按：全日本高中棒球聯賽之一）出場」，然而遺憾的是，當時他沒能出場。

不過，大嶋先生現在以心智教練的身分，將許多高中生送到甲子園。還有職棒球隊採納他推薦的「預祝」（按：以前的日本人以先祝福、慶祝未來，讓未來的夢能實現的方法）觀念。

即使在甲子園出場的夢想沒有實現，但他現在實踐的夢想，和甲子園或職業棒球也有關。

## 就算目標不變，動機也會持續改變

創業也一樣。

以我自己為例，當時的我想的是先賺錢再說，於是創了業。若問我從創業到現在已過了十三年，是否光憑「想賺錢」為理由，持續努力到這個地步，答案並非如此。

假如目的只是賺錢，賺到年收入兩、三千萬日圓就夠用了。要是沒有其他新的理由，也沒辦法持續十三年。

在這段時間裡，有時是為了夥伴的成長而努力，有時為了讓顧客開心而努力。現在則是透過演講活動，為了讓日本的求學之道變得開心，增加能以自身招牌決勝負的人而努力。

所以假如有人問我：「你現在的工作是什麼？」我會回答：「我從事人才培訓的工作。」

夢想會持續改變，無須貫徹初衷。要是堅持初衷、失去靈活度，反而讓人生越來越苦悶。

## 三分鐘熱度比不做更好

有個詞語叫做「三分鐘熱度」。意思是無法堅持、很容易放棄。

有些人怕被貼上三分鐘熱度標籤，覺得丟臉，於是決定一開始就不做某些事。但我認為即使是三分鐘熱度，也一定是做了比較好，畢竟，挑戰過的人比嘗試前就放棄的人來得有價值。

夢想，可以說變就變，哪怕是三分鐘熱度，也要試著拚盡全力，做了再說。全力做到最後再放棄，一點也不蠢，想笑的人就讓他們笑。雖然煩人，卻不是什麼大問題。

總之，比起什麼都不做，願意嘗試且拚盡全力的人，更有價值。

**做喜歡的工作的人都這麼想**

夢想，要配合自身狀況靈活變動，然後盡全力實踐。

## 4

# 別和老是負面思考的人深交

每當參加研討會或演講後，偶爾會聽到別人這樣說我：「你是高意識系（按：日本流行用語，本來形容能力高、對關注各類事情、擁有豐富知識和經驗的優秀人才。但後來演變成嘲諷用語，形容虛有其表，過於誇張表現自己的優勢〔如人脈、經驗或性格等〕、自我意識過剩的人）吧？」

大多數人使用「高意識系」一詞時，多半帶著批判、貶義。

的確，有些人或許是學了很多東西，而顯得不可一世，說話方式自以為是而讓人火大。這樣的人遭到揶揄也是沒辦法的，不過高意識系並非全是這種人。

事實上，高意識有助於提升自信心，所以並沒有不好。恐怕瞧不起高意識系的人，比起要好好學習或努力，會選擇先做開心的事。

有一句話是「熱情會戰勝努力」。當開心變成熱情，喜歡的事情再多也會努力做。一旦覺得喜歡和有趣，就算別人不說也會想要不斷努力。喜歡或開心到無法自拔，等回過神來，才發現時間飛逝，相信很多人都有這樣的經驗。

或者，你也有過這類的經驗：當你運動、打電玩，或是做其他喜歡的事時，即使父母喊著：「吃飯了！」你不但沒停下動作，還回答「現在不餓」。

能喜歡和開心的做某事情，就不會讓人覺得「被迫」努力。所以，喜歡是學習某件新東西最有效的方法。

## 思想的深度，影響行動

不過，就如第一章所言，光從事喜歡的事，人生也不會變得豐富。真正讓人生豐富起來的人，會開心去做對將來有幫助的事情。

雖然人們有時面對辦不到、做不好的事，會覺得乏味、沒動力。但是，只要超越這種狀態，就能感到開心、享受事情。知道這一點的人，人生會開始豐富。

如果是為了將來而努力，就不用怕、也無須在意別人揶揄自己是高意識系。

行動的最初起源在於思想。

種下思想，收穫行動；種下行動，收穫習慣；
種下習慣，收穫品格；種下品格，收穫命運。
——英國社會改革家 塞繆爾・斯邁爾斯（Samuel Smiles）

注意你的思想，那會變成你的言語；
注意你的言語，那會變成你的行為；
注意你的行為，那會變成你的習慣；
注意你的習慣，那會變成你的性格；
注意你的性格，那會變成你的命運。
——德蕾莎修女（Mother Teresa）

要是想得不夠深入，採取的行動也就不夠完善、徹底，結果就是，成果不會特別出色。

## 保持高意識的三個方法

那麼，該怎麼樣才可以保持高意識呢？

以下將介紹幾個訣竅。

### ●別和自我評價低的人深交

人會受周圍的人影響，所以，盡量不要接觸自我評價低落、碰到事情老是負面思考的人。

我的意思是，雖然沒必要斷絕關係，但也沒必要花時間與這類人相處融洽、打造深刻關係。光是這麼做，就可以避免在無用社交上浪費時間，內心也因此從容自得。

不用怕自己顯得不合群，我們不必在這麼狹隘的社群中，尋找自己的棲身之所。

## ●參加研討會

因為許多參加研討會的人，願意花時間和金錢來學習，所以大多屬於高意識系。附帶一提，我認為最具高意識的人就是講師，所以可以積極和研討會講師交流。

和講師相處融洽的方法，就是以積極的態度聽研討會內容。即使在三百人左右的講座上，講師也能清楚看見每個學員的臉。所以講師能知道哪些人的心思不在研討會上。

此外，最好坐在前面的座位上。這能幫助你專心聽講，提高自己的學習效果，也能增加研討會講師記住自己的機會。

畢竟花時間和金錢參加研討會，就要積極參與。

## ●讀書

讀書是跟作者的對話。作者將人生經歷集結成冊，花幾百元就能閱讀一個人的人生，相信沒有比書更便宜又有效的工具了。

不過我不建議在圖書館借書，因為不能在上面畫線和摺頁來記錄重點；也不要買二手書，因為二手書的書況品質不穩定，會干擾閱讀。

讀書，最好還是自己買，一方面較能自由使用，學習效果也高。另一方面，花錢買書能讓作者收到版稅、得到回饋。

不僅是書籍，像是音樂或電影等，讓金錢流向創作者是很重要的事。若非如此，就無法支持作者持續創作了。讓努力的人收到回饋是件好事。這種想法也是邁向成為高意識系的一步。

## 做喜歡的工作的人都這麼想

喜歡，能讓你有效學習，卻不能豐富人生。但開心做有幫助的事可以。

# 第五章

# 怎麼把不喜歡的事變喜歡？

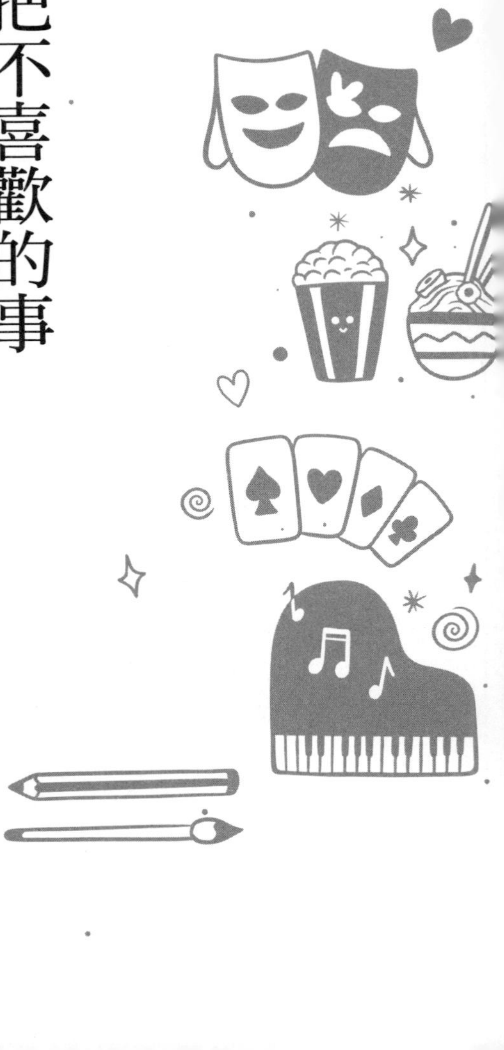

# 1 你的缺點，很可能就是你的魅力

「工作能幹的人看起來都很瘦。」雖然有時會有人這樣說，但我懷疑「胖子做不好工作」的說法。

儘管有人認為，無法管理自己身體的人，也無法管理工作。不過，我認為，這是因為數字和資訊具有一種魔力——只要取得資料的方式對自己有利，看起來煞有其事的事實要多少有多少。請冷靜想一想：你公司裡工作能幹的人統統都是瘦子，沒有一個例外嗎？至少我周圍就不是如此。

當然，擁有健康是好事。不過，因此認定「會鍛鍊身體的人，自我管理能力高、產能高」真的完全正確嗎？我認為這個說詞值得懷疑。

肥胖並非一定是缺點，從不同角度來看，這個特色也能變得有魅力。也有人說稍微胖一點看起來比較溫柔，為工作加分。

許多人以為缺點是不完美的特點。不過我反倒覺得，缺點是指「不可或缺的特點」。因為在這之中，隱藏了那個人的魅力。

例如，漫畫《航海王》的主角魯夫。要是他個性不粗枝大葉，就會變成這樣：

「那裡有座島嶼耶！要去嗎？等等，那裡搞不好很危險。要先好好調查、計畫，也必須避免風險。這次就要拜託索隆和香吉士來調查。」

這樣看起來，魯夫一點魅力也沒有，對吧。

別再花力氣隱藏缺點，因為某人的魅力就藏在缺點之中，可以試著改變角度思考，讓缺點以充滿魅力的形式展現出來。例如：

- 老是在意別人的眼光↓做事步步為營。
- 馬上就生氣↓正義感強。
- 很快放棄↓能迅速挑戰新事物。
- 講話誇張↓能大膽思考。

其實就像這樣，你的魅力就藏在缺點中。

**做喜歡的工作的人都這麼想**

自己的魅力藏在缺點裡，換個角度思考，就能展現出來。

## 2 自我行銷過了頭，你會忘了自己要什麼

二〇二〇年五月，女子職業摔角選手木村花自殺的新聞震驚日本。據說其原因是社群網站的誹謗中傷。

而那些在推特或其他社群網站上誹謗中傷木村小姐的人，陸續關閉自己的帳號。既然關閉帳號躲起來，就表示他們自知「自己說了不該說的話」。

在網路上，很多人因為他人看不見自己的樣貌或是利用匿名，而造謠、亂說話。我認為隱藏自己的身分，說別人壞話的人十分愚昧。假如有把握自己說的是對的，起碼要亮出身分，對自己說的話負責。

附帶一提，就算刪帳號，只要認真調查，還是可以找到確切來源，嚴重的話，甚至會遭到起訴。誹謗中傷他人前，最好想想後果。

這不只是推特或其他社群網站的問題。

比如亞馬遜書店或Tabelog（按：日本最大的美食評論網站）之類的評比網站，也有很多人趁著匿名之便而亂寫評論。

我就曾碰過有人藉著匿名而胡亂評論，例如：有人給予我開的餐廳負評的理由是：「飲食和服務都很好，等候時間卻很長」。餐廳人氣高而大排長龍，那麼，等候時間長是當然的。因為我是做生意的，所以無法忍受評價因為這樣的理由而下降。

亞馬遜評論當中，也有人會寫和書本內容無關的事，而給負評。

## 自我行銷：欺騙自己看起來更出色

會發生這種事，原因當然在於網路的匿名性。不過，其實還有一個原因，則是受了「自我行銷」的影響，為了獲得知名度，而展現完美的一面。進而認為演出虛偽的自己是理所當然。講得更直白一點，就是習慣說謊或虛張聲勢。

比如拍完照片後，運用各種修圖技巧，把照片弄得和實際樣貌完全不同，已經成了天經地義的事情。誇大經歷或自身績效也是常有的事。一個人平常的所作所為會變成習慣。所以，即使沒有惡意，反覆偽裝之後，也會習慣虛張聲勢。

比起虛假樣貌，我覺得以自己現在的魅力決勝負、活出本色才是最好的。

假裝腦筋很好、能拿出成果、人脈很多……不管做什麼，都要假裝才活得下去，對於做這些事的人來說，反而很有壓力。

雖然用自我行銷一詞看似拉風，不過這只是藉由粉飾自己，讓自己看起來比實際更出色。但是，與其花力氣偽裝，不如把精力用來提升自己還比較有意義。

## 持續思考、釐清自己的價值觀

為了不過度偽裝自己，心中就要秉持準則——想想看，自己重視的是什麼？是以什麼價值觀和人生觀而活？

釐清這件事並不容易。

但是，必須持續思考，對自己來說重要的是什麼。

此外，準則會隨著年齡增長而有所改變。例如，我今年四十一歲，就會擁有屬於自己四十一歲的準則，和我三十歲時不同。

重點是，要不斷思考「自己秉持什麼準則而活」。

別再攻擊別人、偽裝自己，必須秉持自己的準則活下去。

**做喜歡的工作的人都這麼想**

沒有必要自我行銷，而是該隨時釐清自己的價值觀。

## 3 你要關注的不是對手，是目標

著名童話〈龜兔賽跑〉中，描述兔子和烏龜決定比賽，看看誰先跑到山頂。結果就如各位所知，烏龜追過半路睡著的兔子，抵達終點。

我現在向各位提問：為什麼兔子會輸給烏龜？

我認為答案是觀點不同。

兔子看的是烏龜，牠為了與對手一較高下而奔跑。所以一旦領先對手，就不再努力。而烏龜並不是注視兔子，牠的目光始終盯著終點。

所以，即使兔子超前自己很多，烏龜也不在乎。牠只在乎是否接近終點。

## 達成目標的目的，不是比較，是成長

我從書法行家杉浦誠司先生那邊，聽說兔子和烏龜的故事後續：

兔子輸掉比賽後，一氣之下要求再比一次賽跑，烏龜應戰了。這次的比賽，兔子並沒有粗心大意。比賽才剛開始，牠便衝向山頂，抵達終點，獲得壓倒性勝利。

「雖然烏龜僥倖贏了前一場比賽，但這次我扳回一城，終於可以看見烏龜懊惱的表情了！」一想到烏龜懊悔的樣子，兔子忍不住偷笑。

沒想到，烏龜卻一臉開心的抵達終點。

兔子嚇了一跳，牠火大的問烏龜：「為什麼你輸了還那麼開心？」

烏龜說：「因為這次我跑完的時間比之前短。有兔子跑在前面真是太好了！」

烏龜不是為了贏兔子而跑的。牠是為了接近目標，讓自己成長而邁出步伐。

你認為兔子和烏龜，誰比較有魅力呢？

我認為，無論腳步再慢，也要不斷奮戰的烏龜，比兔子還要酷。

在社會上，人們總會和別人比較。像是同期進公司的同事，收入比自己好；同屆的朋友從事比自己還體面的工作……相信很多人把自己優於別人的地方，當作證明自身存在的證據之一。

不過，要是在乎那種事情且比不過別人，就會不自覺找藉口：「反正現在的工作充其量只是踏板」。

## 別把對手當成標準

「現在的工作只是踏板。之後我會跳槽到其他公司爭口氣！」

我認為會講出這種話的人十分愚蠢，因為要是一直抱有這種觀念，很有可能會敷衍了事。甚至可以說，擁有這種心態的人，從事的工作永遠無法邁向下一個階段。

當人認真處理眼前的工作、磨練自己、即使陷入困境也會掙扎奮鬥，龐大的工作機會才會到來。

人生沒有彩排，唯有認真活在當下的人，有趣的將來才會等著他。

雖然有人問我：「你認為誰是自己的對手？」但我覺得這個問題對我來說毫無意義。

因為我不會去想有關對手的事。在乎對手，等於把他人當作準則。

要是一不小心，很可能會不自覺認定「既然對手做不到，自己或許也做不到」。

沒有對手也無妨，重要的是釐清跟提升自己。

**做喜歡的工作的人都這麼想**

目光別放在對手身上，而是看著目標提升自己。

## 4

# 專家在乎結果，業餘者只在乎感受

某個朋友在出社會第三年時，找我商量事情。他說：「雖然是業務，卻沒有輕鬆就能賣掉的商品，顧客名單也很少。這種狀態下很難達成目標銷售額，我希望至少工作過程也能獲得讚許。該怎麼做努力才會獲得認可？」

努力和成果哪個重要？

兩個都很重要。不過，根據你重視努力還是成果，會決定自己能做到什麼境界。

號稱企業經營者或專家的人往往只會追求成果。畢竟，擁有成果才能獲得人們的讚許跟信賴。就結論來說，成果就是一切。

不過，換作是業餘愛好者，因較重視過程、不追求成果，所以，即使沒有拿出成果也無妨。

專家堅持成果，業餘愛好者堅持心情、感受及做法。想要以專家身分為生，還是想要以業餘愛好者身分為生，差別就在於此。

聽我這麼說，或許也會有人問：「所以，想獲得認可，不管是什麼工作，都要立刻做出成績嗎？」

答案是否定的。

真正的專家，會連過程都能轉變為成果。

舉例來說，對業務而言，商品的單價越高，因為需求相對小，所以越難提高業績。不過，銷售的過程中，可以靠數字打動人心。像是拜訪顧客次數、商品提案做了幾次、取得幾筆客戶名單等。

不只銷售額，過程也可以化為數字。假如是無法立刻拿出成果的工作，只要利用數字來展現每個行動和步驟且做好管理，就能把過程當成出色的成果，進而獲得讚許。

不過，偶爾會出現怎樣都拿不出成果的狀況。其原因在於，精力放錯方向，不清楚該怎麼把行動化為成果而行動，等於瞎忙，當然也就不會如願了。

比如，就算銷售公寓的業務員，拚命取得學生的名單，也幾乎沒有意義（就算將來有意義，如學生畢業後會買房等，但等待時間過長）。

假如管控過程並建立數字後，仍沒有化為成果，就要拋開自尊，詢問做得好的人是怎麼做的。

為了成果感到自豪的人，是專家；為了成果，將不必要的堅持放在一旁的人，也是專家；請他人幫忙觀察過程，對方能將過程化為數字和成果，再以淺顯易懂的方式傳達，那個人也是專家。

你的專家意識，可以讓自己獲得無窮的讚許。

## 做喜歡的工作的人都這麼想

真正的專家，連過程中的每個步驟都能當作成果。

5

# 挑戰無設限，別把年齡當藉口

有人會拿年齡當藉口，他們總說：「因為年輕，所以做不來」、「因為年輕，所以才會成功」。

我剛畢業的第一件工作，是呼叫中心的接線生。老實說，當時的我認為電話客服是兼職人員的工作，不是正式員工該做的事。

不過，既然是主管交代的工作，所以我便盡力做好。結果，在同期進公司的人之中，我獲得高度的評價。

雖然做得不甘願，但只要認真去做，就會發生有趣的事情。

「總覺得數字不對勁……。」當時公司的關鍵績效指標含糊不清，不論算式或目標數值都混亂、模糊。績效指標不對勁，就表示即使在這個環境下拚命努力，也不會真的獲得認同。

於是我到處向周圍的人說：「這個數字鐵定不對勁。」

因為當時的我只是剛進公司的新人，所以很多人指責我狂妄、愛找麻煩。現在回想起來，應該可以換個方式反映這個問題，不過當時的我只想到這種講法。

慶幸的是，當時直屬課長稱讚我，我們一起去喝酒時，課長豪邁的說：「你就放手去做吧！責任我來扛。」

因此，我這個只在呼叫中心做了一年的門外漢，就調查系統、調查數字的計算方法，重新建立績效指標，甚至還預測了打電話的次數。

## 挑戰與年齡無關，貴在接受並行動

假如現在做同樣的工作，我有信心能做得更有效率和有效果。只不過，要是當時沒有從事那份工作，想必也就不會有現在的我了。

要挑戰某件事情時，沒有早晚的區別。或許有些事年輕就可以做，但也有很多事從年輕時做起會很辛苦。雖然等準備萬全後才挑戰新事物，再好不過，但不可能世事如自己的意，狀況隨時會有變化，所以只能配合考驗來改變自己。

人的價值，取決於怎麼生活。

「我還年輕、沒什麼經驗，所以做不來」、「因為年紀大了，所以做不了」、「沒錢，所以辦不到」……要是一直說這種藉口，當然抓不住機會。挑戰你以為做不來的事情，讓目標成真，人生才會常保價值。

## 做喜歡的工作的人都這麼想

無論什麼年紀都要接受挑戰。

## 6 人生就像打怪，有障礙才刺激

我在前面提到，不要預測未來。可是，要是看不見未來，人生到底該依照什麼方針而活？

這就像大家說，秉持自己的準則很重要。但實際上卻不知道該怎麼做才好。雖說不要預測未來，但心中仍無法抹滅對將來的不安，同時希望有人能幫忙排解這份情緒。

假如你多多少少有這種想法，不妨以完全不同的角度切入，人生會變得比較有趣。

若用電動遊戲來舉例，相信沒人會想玩所有過程、結局都能一覽無遺的遊戲：知道故事怎麼演，知道哪個地方會感動，也知道會出現什麼敵人，甚至連敵人的弱點都知道……沒有意外和驚喜，光是看了就會讓人覺得無聊。遊戲就是因為有障礙和未知，才顯得精彩、有趣。

舉例來說，如果《超級瑪利歐兄弟》沒有慢慢龜和栗寶寶等怪物，也沒有山谷，只能一個勁兒的朝螢幕右邊跑，一定很乏味。遇到慢慢龜和栗寶寶，必須想辦法閃躲。因為有牠們在，遊戲才有了趣味。

人生就像遊戲，看得到未來，沒有障礙，會顯得無聊、沒勁。假如時間徒然流逝，只會發生既定的事情，不會有任何意外插曲，相信你不會想過這樣平淡的人生。

正因未來並非固定，根據自己在每個當下付出的努力程度，會產生不同的結果。

話雖如此，但難免會有一籌莫展、艱辛困苦的時候。這時就要思考：是為了什麼而努力？

為了證明可能性？為了知道人生的樂趣還是討別人歡心？

不管是什麼都行，請重視自己的目的和準則。就算原因沒有那麼酷，像「我想受異性歡迎」也可以。

只要回歸原本的目的，就可以盡情享受人生。

人生因為看不見未來而有趣，未來由自己主宰就行了。

人的可能性是無限大，你的可能性也是無限大。

**做喜歡的工作的人都這麼想**

假如為人生苦惱，就想想你努力的目的。

# 後記
# 只根據喜好找工作，你會像一盤好看卻不好吃的菜餚

除了前言提到的原因之外，我寫下本書還有另一個理由，就是期盼面對真相且頑強的日本人會越來越多。

日本平成（按：一九八九年一月八日至二〇一九年四月三十日）年間，被稱為「失落三十年」（按：因為平成年代正值泡沫經濟爆破，且少子化、高齡化等問題越來越嚴重），我認為，這是因為日本人沒有面對真相。

日本人總因憧憬自由，而不再努力；不敢表達自己的意見，只會用別人的言詞來說得冠冕堂皇；逃避努力，眼中只有享樂。

若期盼在新冠肺炎結束之後，日本能變得更加強大，現在最需要面對的課題就是提升能力。

有幹勁很重要，但遺憾的是，除非能力提升，否則光有幹勁，夢想還是不會實現。

人事諮詢公司Arugo的代表董事神谷悟，是二〇〇〇年最影響我的人。他以人事顧問的身分活躍超過三十年，在人盡皆知的大型企業獨攬人事顧問的工作。聽了他開辦的人才評估課程，讓我學到不能只憑幹勁做事，而是需要實際掌握力量。

再次感謝各位讀者陪伴到最後。我期盼各位能在漫長的人生中，能把喜歡的事當成工作。

做事要按部就班，就和烹飪一樣，要水洗、刀切、火烤之後才能享用菜餚。若先烤、切、再水洗，那道菜就不能吃了。

認為「要從喜歡的事情來找工作」的人，就像是不能吃的菜餚。比起喜歡與否，更需要事先做好前置作業。前置作業才會提升你的能力。為了提升能力，就必須不斷行動、進步，然後刷新自我紀錄。

有句話是流水不腐，意思是水不流動，就會腐壞。人也一樣，必須不斷行動、挑戰，才不會退化、衰弱。

最後，我要衷心感謝從企劃階段就惠予指導的小寺總編輯、負責編輯作業的澤先生，以及書中介紹到的作者和企業經營者，衷心感謝各位容我引用大名。

最後，我希望各位記住：流水不腐，戶樞不蠹。

# 主要參考文獻


- 《業務的魔法》（営業の魔法），中村信仁著，B communications出版。
- 《富爸爸，有錢有理》（*Rich Dad's Cashflow Quadrant*），羅勃特．T．清崎（Robert T. Kiyosaki）著，龍秀、MTS翻譯團隊譯，高寶出版。
- 《富爸爸，窮爸爸》（*Rich Dad, Poor Dad*），羅勃特．T．清崎著，MTS翻譯團隊譯，高寶出版。
- 《被討厭的勇氣》（嫌われる勇気），岸見一郎、古賀史健著，葉小燕譯，究竟出版。

- 《人脈就是錢脈》（*How to Have Confidence and Power in Dealing with People*），雷斯・吉卜林（Les Giblin）著，陳麗如、陳春賢譯，維京出版。
- 《打造社群，自由生活的提案》（コミュニティをつくって、自由に生きるという），松田充弘著，Kizuna出版。
- 《自己作主》（自分で決める。），權藤優希著，Kizuna出版。
- 《正義教室：史上最強的「公民與社會」課！》（正義の教室 善く生きるための哲学入門），飲茶著，甘為治譯，三采出版。
- 《世界最令人雀躍的領導者教科書》（世界一ワクワクするリーダーの教科書），大嶋啟介著，Kizuna出版。
- 《文案大師的造句絕學：再理性的人也把持不住》（伝え方が9

割），佐佐木圭一著，張智淵譯，大是文化出版。

- 《一無所有的我從頭學習的賺錢技巧》（何もなかったわたしがイチから身につけた稼げる技術），和田裕美著，鑽石社出版。
- 《成為新人類》（ニュータイプの時代），山口周著，李璦祺譯，行人出版。
- 《我想把武器分給你們》（僕は君たちに武器を配りたい），瀧本哲史著，講談社出版。
- 《不使喚、不教學、不強迫，天才兒童俱樂部式最佳教育》（やらせない、教えない、無理強いしない——天才キッズクラブ式 最高の教育），田中孝太郎著，Kizuna出版。
- 《夢・感謝》（夢　ありがとう），杉浦誠司著，Sunmark出版。
- 《富爸爸，富女人》（*RICH WOMAN: A Book on Investing for Women -*

*Because I Hate Being Told What to Do!*），金·清崎（Kim Kiyosaki）著，陳琇玲譯，高寶出版。

- 《先問，為什麼？》（*Start With Why*），賽門·西奈克（Simon Sinek）著，姜雪影譯，天下雜誌出版。
- 《三分鐘強效溝通法》（3分以内に話はまとめなさい），高井伸夫著，呂理州譯，商周出版。

Think 226

# 這樣想事情，你會找到自己喜歡的工作

## 如何讓興趣能當飯吃，有興趣的工作卻不快樂怎麼辦，不喜歡的工作怎麼做到喜歡、有成就？

作　　者／岡崎勉明
譯　　者／李友君
責任編輯／陳竑悳
校對編輯／連珮祺
美術編輯／林彥君
副總編輯／顏惠君
總 編 輯／吳依瑋
發 行 人／徐仲秋
會　　計／許鳳雪
版權專員／劉宗德
版權經理／郝麗珍
行銷企劃／徐千晴
業務助理／李秀蕙
業務專員／馬絮盈、留婉茹
業務經理／林裕安
總 經 理／陳絜吾

國家圖書館出版品預行編目（CIP）資料

這樣想事情，你會找到自己喜歡的工作：如何讓興趣能當飯吃，有興趣的工作卻不快樂怎麼辦，不喜歡的工作怎麼做到喜歡、有成就？／岡崎勉明著；李友君譯. -- 初版. -- 臺北市：大是文化有限公司，2021.12
192面；14.8x21公分. --（Think；226）
譯自："好き"を仕事にできる人の本当の考え方
ISBN 978-626-7041-31-4（平裝）
1. 職場成功法 2. 生活指導
494.35　　110017215

出 版 者／大是文化有限公司
臺北市 100 衡陽路 7 號 8 樓
編輯部電話：（02）23757911
購書相關資訊請洽：（02）23757911 分機 122
24 小時讀者服務傳真：（02）23756999
讀者服務 E-mail：haom@ms28.hinet.net
郵政劃撥帳號 19983366　戶名／大是文化有限公司

法律顧問／永然聯合法律事務所
香港發行／豐達出版發行有限公司“Rich Publishing & Distribution Ltd”
地址：香港柴灣永泰道 70 號柴灣工業城第 2 期 1805 室
Unit 1805, Ph.2, Chai Wan Ind City, 70 Wing Tai Rd, Chai Wan, Hong Kong
電話：852-21726513 傳真：852-21724355
讀者服務 E-mail：cary@subseasy.com.hk

封面設計／孫永芳　內頁排版／孫永芳　印刷／緯峰印刷股份有限公司
出版日期／2021 年 12 月初版
定　　價／新臺幣 340 元（缺頁或裝訂錯誤的書，請寄回更換）
ISBN ／ 978-626-7041-31-4
電子書 ISBN ／ 9786267041376（PDF）
9786267041406（EPUB）